莊靜芬陪妳坐月子

滿月的圓滿食譜

心的開始　味的真情　觀的感動

「怎樣吃最健康」作者莊靜芬醫師著

當母親的我比當小姐的我漂亮！

還記得，我在紐約迎接我的第一個小孩，母親莊淑旂博士和外祖母帶著生化湯、麻油、米酒等藥膳材料，千里迢迢從日本趕來，親自幫我坐月子，當時的麻油雞酒香至今仍留在記憶裡。身為莊淑旂博士的女兒，能夠接受她所創立坐月子方法的指導，領略到坐月子的好處，實在幸運！在我生養兩個女兒之後，仍能保持標準的體態與充沛的活力，更重要的是，身體健康也為我帶來心情上的愉悅，以及樂觀積極的態度，很多朋友都笑說，當母親的我比當小姐的我漂亮多了！這使我更加肯定了坐月子的重要性。

為了幫助更多需要坐月子的女性朋友，莊博士在1995年創辦了「風車女性健康管理機構」，交由我負責主持。接下這份工作實在誠惶誠恐，這不但是我向母親表達敬愛的方式，感謝她引領我走向醫者這條路；也意謂著我有責任將母親的學說承繼下來，並且進一步發揚它。因此，這本書的出版可算是我交出的重要成績單，書中所載皆來自於風車執行八年多的成功經驗與寶貴心得！

我想，這本食譜最特別的地方，在於它不僅闡述了傳統坐月子的理論，也結合了現代健康飲食的觀念，尤其講究天然原味與食材的搭配，一方面符合「清爽進補無負擔」的需求，一方面讓坐月子飲食在「無鹽料理」的限制下仍能得到美味的發揮！我堅持的是，坐月子也可以是很享受的一件事。

還有，產後因為荷爾蒙的急遽變化，容易引發情緒低落、憂鬱，我也希望這本書就像好朋友一樣，時時刻刻陪伴著妳。除了飲食上的指導，這本書也鉅細靡遺地收錄了坐月子大小事，包括生活、哺乳、減重等各方面的實用建議，而且按照階段性的需求加以區分，妳只要根據書上的說明，按部就班坐月子，就不會感到手足無措，而且很快就可以達到「同時進補又瘦身」的目標。

在此，感謝所有工作群的支持與努力，沒有你們的推動，這本食譜不會以如此美麗與實用兼具的風格問世，它完全表達了我最想送給天下媽媽的一句話：「坐月子乃美麗人生之鑰！」

— 莊靜芬

推薦序

以現代的眼光，重新詮釋坐月子方法！

提筆寫序，心中真是感動莫名！想到這本書的出版可以將風車坐月子的經驗與方法傳遞出去，嘉惠更多女性朋友，不知不覺便開心起來。因為內人莊靜芬醫師和我一起經營「風車女性健康管理機構」多年，之所以選擇女性做為服務對象，即是深刻體會到了女性是一家幸福健康之所繫！而坐月子，便是女性一生中最重要的生理轉機，想要調整體質、預約一生健康，莫過於此時了。

雖然坐月子是中國的傳統，但正確的坐月子方法卻不是人人皆懂，有不少的錯誤觀念在坊間流傳著。比如說，生產一結束馬上就來一碗麻油雞，或是把生化湯當補品，連喝三十天，這都是不對的，反而會傷了媽媽的身；或是坐月子期間什麼可以吃、什麼不可以吃搞不清楚，婆婆、媳婦意見不合、傷了和氣，都是不必要的；或許還有這種情況，醫院的醫生跟家中的長輩說法不同、堅持不同，害得產婦左右為難。

現在有了這本食譜，結合中西醫學所長，教導最適合現代女性坐月子的方法，大家都可以不頭痛了。有些在傳統醫學與現代醫學之間不同的看法，本書亦提供解說，而對於坐月子只知其然、不知所以然的人，更可以在本書中找到答案，真是一舉數得。

最後，不知讀者有無發現，緣於莊靜芬醫師個人對美學的熱愛，這本食譜書在視覺上充滿了賞心悅目，貼切地傳達出她一向所主張的「身體與自然、食物、情緒互動」的健康觀念，那些令人心曠神怡的圖片、版面編排，似乎隨時提醒著每一位坐月子的女性朋友：心情放輕鬆，才能讓吃進的營養不打折，真正吃得健康！

風車女性健康管理機構

— 醫學博士 郭純育

坐好月子，是為了打好人生的下半場球賽！

相較於男性，女性的一生是比較多彩多姿的。

女性的一生受到卵巢分泌的荷爾蒙影響，從青春期、盛年期、至更年期為止會有月經的來潮，其間，大多數女性會歷經懷孕生育的過程。

對女性來說，懷孕生育是一件大事，懷孕與生育也使女性的身心產生極為重大的變化。

現代的產科學在女性懷孕生產的過程中，比較注重如何讓母體安全順利的生下一個品質好的健康寶寶，對於產後母體的保養與復原則較少著墨。簡單地說，如果把女性的懷孕生產視為一場籃球賽，現代產科醫師著重的是上半場的部份，下半場產婦調養的部份則比較少費心。

這種態度可能是值得商榷的。球賽如果要獲勝，上下半場的努力是同等重要的，因此，產婦生產後的坐月子調養對女性身心健康的恢復是非常重要的。女性懷孕後固然要吸取從懷孕到分娩的各類資訊與知識，同時也要瞭解坐月子的意義與方法，才能使自己在懷孕生產後身體能快速恢復健康，體態能回到從前一樣苗條。

現代女性大多是職業婦女，職場、家庭兩頭忙已經是壓力深重，再加上產後需要照顧孩子，更是「焦首朝朝還暮暮，煎心日日復年年」。為人妻、

為人母的女性必須在產後坐月子的日子中，讓自己的身體儘快恢復健康，才能從容地面對接踵而至的壓力，勝任為人妻、為人母的角色。

莊靜芬醫師的「莊靜芬陪妳坐月子」一書，在女性產後坐月子的觀念與方法及飲食的調理上，有極為精闢的解說，對坐月子的女性是一個很好的參考與指引，相信讀者在閱讀之後會有實質的幫助，希望它能使妳儘快恢復健康，儘快恢復體態，從而使妳信心滿滿的面對妳的孩子、先生、家庭、工作及生活。

詹益宏婦產科 院長

— 詹益宏

來自莊醫師的祝福

坐月子其實是一段非常享受的時光，可以遠離人群、安心靜養，

在迎接寶寶新生的同時，也期待著自我的重生與人生的另一頁。

請務必珍惜這寶貴的轉捩點，以一顆愉快而放鬆的心，

贏得健康、美麗與自信。

自序 –

004 | 當母親的我比當小姐的我漂亮……莊靜芬醫師

推薦序 –

005 | 以現代的眼光，重新詮釋坐月子方法……郭純育博士

推薦序 –

006 | 坐好月子，是為了打好人生的下半場球賽！……詹益宏院長

012 | **【女人獨享的美麗契機－坐月子！】**

013 | 掌握階段性原則，進補又瘦身

015 | 成功哺乳－媽媽窈窕、寶寶健康的小秘密

017 | 專業叮嚀－健康坐月子生活妙方

019 | Q&A建立正確的坐月子觀念

022 | **【第一階段】**

023 | **第一週調理重點：排除惡露，恢復子宮機能**

026 | 麻油豬肝

027 | 波菜炒豬肝

028 | 麻油豬心

029 | 老薑鱸魚湯

030 | 香菇花生燉豬腳

031 | 黃豆木瓜鯽魚湯

032　【第二階段】

033　第二週調理重點：促進代謝、恢復體力、改善腰酸背痛

036　麻油腰花

037　杜仲腰花

038　十全大補尾椎骨湯

039　木瓜尾椎骨湯

040　【第三／四階段】

041　第三／四週調理重點：調養體力，改善體質，預防老化

044　麻油雞

045　栗子雞

046　當歸黃耆雞

047　茯苓蓮子雞

048　豬肚燉排骨

049　麻油烏魚

050　熟地羊肉湯

051　麻油蝦

052　【飲　料】

053　坐月子怎樣喝出窈窕身材

055　生化湯

056　活力飲

057　解渴茶

I　N　D　E　X　|09

058 　【副　食】

059 　主食之外，如何選擇其他食物

060 　肉絲炒時蔬

061 　花椰菜肉丸

062 　銀芽紅椒炒肉絲

063 　百合炒牛肉

064 　紅椒腰果炒雞丁

065 　馬鈴薯南瓜燉雞肉

066 　紅椒核桃炒干貝

067 　香菇炒魚片

068 　豆包炒時蔬

069 　九層塔煎蛋

070 　麻油紅鳳菜

071 　松子地瓜葉

072 　【麵／飯】

073 　糙米黃豆飯

074 　麻油麵線

075 　油飯

076 　五穀雜糧飯

077 　鮭魚拌飯

078 　菠菜飯

079 　薏仁炒飯

080 　小魚拌飯

081 　紅豆飯

082　**甜　點】**

083　核桃芋泥

084　核桃芝麻糊

085　地瓜湯

086　紫米芋頭粥

087　桂圓糯米粥

088　**【素食媽媽主食】**

089　營養攝取，藥膳調理雙管齊下

091　麻油烤麩

092　杜仲素腰花

093　蓮子素肚湯

094　黃豆花生豆包

095　**【產後健康計劃】**

096　產後體重變化與對策

097　產後煩惱與對策

098　回復窈窕的法寶－綁腹帶

莊醫師的小叮嚀－產後30天，給您美麗調養的關鍵方向 ……………………100

媽咪的口袋菜單－媽咪們，列張滋補又美麗的月子菜單！ ……………………102

女人獨享的美麗契機─坐月子

產後一個月如何渡過，關乎一生的健康與幸福。
大多數人以為生孩子，愈生就會愈老，其實不然，坐好月子，就會愈生愈美麗！

女性一生中有三次機會可以調整自己的體型、體質，使之恢復青春美麗，即初潮期、坐月子與更年期；其中，又以坐月子為健康體型最重要的轉捩點。

這是因為原先儲於母體內不好的東西，會在生產時隨著胎兒一起排出，使體內發生重新創造的作用，清掃子宮的同時，也促進體內的新陳代謝，提高荷爾蒙的功能。對每一位媽媽來說，懷胎十月雖然非常辛苦，但上天也給予母體一個很大的恩賜：如能好好把握坐月子良機，必能脫胎換骨。

因此，坐月子的意義便是在一段相當完整的時間內，施以藥補與食補，再配合充分的休息，而提供了改變體質的契機。特別是那些平常身體差、無暇調養的人更不應該放過，千萬別以忙碌為藉口而忽略了坐月子，否則原先健康的本錢恐怕也會坐吃山空了。

其實，坐月子的訣竅並不難掌握，只要把握這段難得的時間盡情地「吃」與「睡」！「吃」就是階段性的飲食法，即掌握1:2:3的進補原則，第一週吃豬肝，第二週吃豬腰，等到第三、四週才開始補氣補血，以麻油雞為主，千萬不要一生產完就大補特補，過度食補的結果反會使子宮內的瘀血停滯不出。

而「睡」，則是完全的休息靜養，特別是產後一星期的休息能夠決定子宮的收縮是否完全。想要子宮儘快恢復功能，就要儘量將子宮內的污血完全排出，一旦子宮成真空狀態，荷爾蒙的分泌會特別活躍，子宮的功能也會比懷孕前更好。

掌握階段性原則，進補又瘦身

產後飲食不主張大補特補，而是掌握1:2:3的進補原則，先排惡露、後補氣血，才能在進補的同時避免過胖，甚至比以前更輕盈、更健康！

要訣一：實施階段性食補

坐月子調養最重要的一點就是嚴守「階段性食補」的原則。因為，產後的生理是一種非常特殊的身體狀況：既要補氣血，也要排惡露，這種「虛瘀並見」的生理特質，非得運用正確的方法加以保養才行，不能不補，也不能一味地大補。想要「補得其所」，便要按照坐月子階段性的目的，施予有效的食補與藥膳，這個方法可是得自於中、西醫學研究與傳統智慧的結晶喔！

什麼是「階段性食補」呢？簡單來說，第一週要「平補」，飲食清淡，以麻油豬肝幫助惡露排淨。第二週則是「溫補」，吃麻油豬腰，促進新陳代謝，預防產後腰酸背痛。到了第三、四週，就要施以「熱補」，大補氣血，滋養身體，這時就輪到麻油雞上場了。

以上進補的次序、內容都不宜顛倒。特別是產後二週內，身體尚未恢復疲勞，還很虛弱，如果大補特補，反而會「虛不受補」，愈補愈上火。

要訣二：以藥膳加強階段性調理

為了幫助生理機能恢復，坐月子期間除了正確的階段性飲食之外，使用藥膳調養身體，可以讓坐月子的效果更顯著，完全掌握產後體質更新的契機。特別是產後第二週預防腰酸背痛的黃金時期，最好能搭配「杜仲藥膳」的使用，或是以杜仲粉配補中益氣湯服用。

藥膳的成效如何一直是爭議性的話題，其實藥膳最重要的是內容的組合、份量、產地與季節，更要強調因體型、體質的不同，而因人而異。

「產後膳食調理」可加強各週階段性調理的目的，而且可以清湯飲用，不一定要加入魚類或肉類燉煮，才能喝出滋補的美味，非常符合現代女性「清爽進補、美麗窈窕」的需求。

坐月子週別	調理目的	產後調理藥膳方
第一週　平補	排除淨化	「補血養神」→「利水消腫」→「消除疲勞」之藥膳方
第二週　溫補	調整恢復	「補肝腎」→「強化筋骨」→「強壯腰膝」之藥膳方
第三週　大補	補血補氣	「生理安神」→「排除脹氣」→「補中益氣」之藥膳方
第四週　大補	預防老化	「補氣活血」→「益精明目」→「體力復原」之藥膳方

要訣三：熱補三要素缺一不可

除以階段性的食補來坐月子，所謂「產前涼補、產後熱補」，產後調養一定要熱補，因為絕大多數的產婦在產後呈現虛寒體質，有手腳發冷、脈搏弱浮的現象，所有的料理必須先以麻油爆香老薑，再加入其他材料，必要時還需要米酒來助陣。

這是因為麻油中不飽和脂肪酸和老薑煎成褐色後會具有明顯效用，可以刺激體內內臟活潑化，加強五臟六腑代謝，使身體從內部產生保暖

的作用。此外，麻油可以避免便秘，也能去寒。但在選購麻油時，一定要選擇低溫烘培的黑麻油，才不會上火。如果產婦體質很容易上火，可以茶油（苦茶油不行）代替麻油。

老薑的作用則在於溫潤子宮，且要連皮烹調、連皮咀嚼吃下去，才有利尿消腫、增加纖維質、預防便秘之效。而米酒的主要用途是為了使身體保暖，促進內臟機能活動，但在料理過程中，需將酒精揮發掉，才不會增加肝臟的負擔，為使酒精揮發快一點，烹調時可不加蓋。請記得不要使用含鹽的稻香米酒，或酒精濃度較高的米酒頭。

以上麻油、老薑、米酒，便是產後熱補不可或缺的三大要素，不但提供產後身體熱力的來源，而且在坐月子飲食不能加進任何鹽、調味料或水，以避免水分囤積體內的限制下，也是使坐月子「無鹽料理」變得美味的秘訣喔！

成功哺乳—媽媽窈窕、寶寶健康的小秘密

媽媽用母乳哺育小孩，交流的不僅是親子之間濃厚的感情，還對彼此的健康有助益，母與子一生緊密的聯繫，原來從這一刻便開始了！

許多研究都指出，母奶可以增強嬰兒的抵抗力，避免氣喘過敏，而親自哺乳的媽媽能夠早日恢復身材、產後不發胖，並且降低乳癌的發生率。因此，哺餵母奶不但對母體本身有助益，對寶寶來說，母奶更是大自然賦予成長最奧妙的禮物，不是配方奶所能取代的！

母乳可提供寶寶所需要的一切
儘管科技再進步，母奶仍是最合乎寶寶生理需求的天然食物，而且寶寶在母親的懷抱中，可以獲得滿足、溫暖與愛的力量，更是彌足珍貴。

哺乳是媽媽最健康的瘦身法

哺乳每天消耗熱量400-600卡，一個月可減去的脂肪量幾乎等於4斤肥肉，所以說哺乳能幫助媽媽早日恢復身材。

哺乳也能強化子宮收縮，當寶寶吸吮媽媽的乳頭時，會反射性地使子宮收縮，有點像是生理期的痛感，惡露就會隨著收縮的動作排出。

此外，餵奶會使乳腺暢通，胸部發達，若把握這個機會，勤加按摩，便可以維持渾圓飽滿的胸形。有人說哺乳會使乳房下垂，其實並不正確。

成功哺乳的關鍵

母親於產後所分泌的「初乳」一微黃的乳汁，含有豐富的營養、抗體，可以幫助寶寶排出胎便，所以應儘早開始哺乳。大部分哺乳失敗或奶水不足的原因，多是吸吮不夠或太慢開始餵母奶所致。因此，請記得以下幾個要領：

1) 產後一、兩天，即可開始哺乳，這個階段是寶寶學習吸吮並刺激乳汁分泌的最佳時機。只要讓寶寶儘量吸吮，母體自然會製造更多乳量。
2) 哺乳時，先讓寶寶張大嘴巴，將媽媽整個乳頭和乳暈完全含在寶寶口中，才有利於吸吮，並且避免拉傷媽媽的乳頭。
3) 哺乳的媽媽們一定要放鬆心情，保持愉快，配合充分的休息，才能促進乳汁分泌。
4) 一開始儘量不要使用配方奶補充，會降低寶寶吸母奶的興趣；母奶分泌的原理就像是市場的供需原理，寶寶吸得愈多，乳汁便能源源不絕地供應。
5) 哺乳結束，若覺得乳房脹脹地，必須將剩餘的奶水擠掉，以免影響乳汁分泌。
6) 脹奶時要用毛巾冷敷（不能用冰敷或熱敷），以暫緩乳汁大量分泌。或是餵奶前，先擠出一些乳汁，讓乳頭較爲柔軟後，再讓寶寶吸吮，有益舒解乳房脹痛。

7) 從產前一個月起，便可以開始進行「梳乳療法」：將乳房輕輕托
   起，以一把扁木梳，沿著乳腺分布的方向（往乳頭方向，不可逆
   向）輕輕梳理，每次各約梳10-15分鐘，有助於舒筋活血、散結
   止痛，脹奶情形嚴重時也可使用此法。

專業叮嚀—健康坐月子生活妙方

叮嚀1：產後（剖腹產須等排氣後）立刻綁上腹帶，切勿拖延
綁腹帶可謂好處多多，除了幫助身材回復、促進剖腹傷口癒合，還
有預防內臟下垂、腹部肌膚鬆弛、治療腰痛的功能，是坐月子中很
重要的一部分，一定要持之以恆地綁。請在早餐前綁上，入睡前拆
下，並且將布帶捲好，方便隔天使用；進行纏綁的時候，一定要由
下往上施力，將下垂的內臟重新提起。剛開始，產婦比較沒有氣
力，可由家人協助。綁腹帶等於塑身，想要保有好身材的媽媽一定
要確實做到。

在選購腹帶的時候要注意，一般減肥用的束腹帶並不適用於坐月
子。因為懷孕的時候，內臟向下擠壓，一旦生產過後，如果沒有給
予支撐的力量，內臟很容易就下垂了。所以坐月子專用的腹帶是一
條長長的棉質布帶，可以由下而上自由綁腹，而坊間束腹帶的作用
在於束腰，只會使內臟更下垂。

叮嚀2：坐月子期間應注意擦澡、擦頭、洗臉、洗手等細節
為避免日後偏頭痛、關節疼，請不要洗頭、洗澡，只能以平水（燒
開的水）加米酒加薑片的混合液進行擦澡、洗頭。洗頭時，以脫脂
棉沾此混合液，把頭髮分開對著頭皮前後左右擦拭即可，也可使用
頭髮乾洗劑。

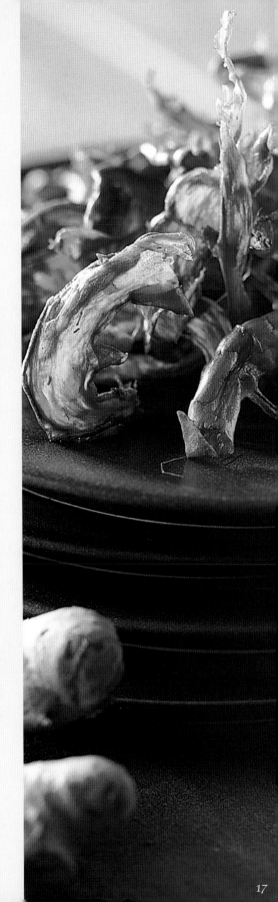

日常生活中，則切記不直接接觸水或冰水，包括飲用；因為洗冷水會導致手指關節酸痛，觸摸冰水會使血管收縮、惡露不淨。需要用水的時候，如洗臉、洗手、刷牙，以煮過的水置於室溫下轉為身體可接受的溫度再使用。

叮嚀3：即使是夏天坐月子，也不能吹冷氣

吹風都不行了，更何況是吹冷氣。產婦在坐月子期間應注意遠離風口，電風扇、窗外的風只能間接吹向身體。記得添加衣服保暖，尤其是關節部分，因為懷孕的過程中會分泌鬆弛素使血液循環變差，容易水腫、缺氧、受寒氣侵襲，此時如果稍加不慎，圖一時之「涼」，吹風或吹冷氣，就會導致腰痛、肩痛、手痛，成為日後一生的煩惱。所以產婦一定要保護全身關節，著長袖長褲，不碰冷水，遠離冷風。

叮嚀4：坐月子應多臥床休息、減少外出

產後為骨頭整合、重新調整的時期，所以不宜勞累，應該多靜躺休息，不要提重物、不要逞強做家事。哺乳時也應側躺著餵或是坐著，以保護腰部。也不要趁著產假休息的機會，拼命看電視、讀書報，甚至寫字，會加重眼睛的疲勞。同時，產爸應負擔起重要的守門人角色，嚴格控制會客的時間，避免產婦受到過多訪客的打擾。

另一方面，產婦在坐月子期間應盡量不要外出，因為產後體虛、免疫功能低下，易受風寒而產生諸多感冒的後遺症。非得外出時，一定添加衣物，戴帽、穿襪，像個大偵探似地也無妨。

叮嚀5：不要輕易掉淚，產婦一滴眼淚比十兩黃金還貴重

大部分的產婦都有輕微的憂鬱，這是因為從產前到產後的過渡期間，體內荷爾蒙發生劇烈的變化，使心情不自覺低落下來，焦慮不安；加上照顧寶寶的重責大任、母職的角色適應問題、身體的虛弱不適，情況就變得更複

薑澡DIY

老薑磨汁60cc，加入米酒一瓶，煮至微熱後放在保溫瓶內，可用來擦頭、擦澡。

雜了。這時候，來自家庭的支持與先生的關懷非常重要，這才是真正使產婦安心、產後不憂鬱的關鍵。

所以，月子媽咪千萬不要孤軍奮鬥，有心事一定要講出來，儘量放輕鬆，多疼愛自己一點，給自己打氣！然後，全家人一起團結起來，把坐月子視爲全家人的事，一起配合生活上的改變，分擔家事與照顧新生兒的工作，這樣，產婦才能得到充分的休息。這些狀況，包括決定幫忙的人選，以及坐月子的方式，都要在生產前就規劃好，以免手忙腳亂。

Q&A建立正確的坐月子觀念

許多產婦對傳統的坐月子方法和禁忌大惑不解，事實上這些傳統都有醫學上的根據。

在這個分秒必爭的社會裡，很多女性都會覺得坐月子太浪費時間了，甚至以爲那只是一種「古法」、老掉牙的觀念，時代已經如此進步，醫藥也如此發達了，何必還要苦苦守著傳統的戒律呢？

這眞是大大的誤解啊！事實上，由於中國婦女重視坐月子，才能愈生愈美；反之，西方的婦女在生產兩個小孩之後，大多會出現滿臉皺紋的老態，以及許多身體上的不適症狀，所以近年來西方醫界也開始重視產後的調養，他們稱做「post-delivery care」。儘管中西文化背景不同，對於產後多休息、補血、補氣、避免感染、補充營養、充分休息的堅持則是一致的。

現在，我們就以現代醫學的角度爲輔，幫助讀者們更進一步瞭解傳統坐月子的道理，以及掌握重要原則：

飲食備忘錄

坐月子是體質重整的關鍵時期，飲食錯誤或情緒不穩的話，容易破壞身體細胞的恢復能力，影響新陳代謝，所以什麼樣的東西不能吃，一定要弄清楚，而且用餐一定要放鬆心情。

◎ 忌吃容易導致內臟、乳房下垂、小腹突出、皮膚鬆弛的食物，如稀飯、醋、酸性及水分多的食物。

◎ 食物不加鹽或任何調味料。因爲鹽的攝取如果過多，會使血行緩慢，不利惡露排出，也會導致口渴，因而想喝更多的水，造成惡性循環。辛辣刺激的食物也應忌口。

◎ 產前涼補、產後只能熱補，有些食物屬於涼性，像蟹、梨子、西瓜、冬瓜、絲瓜、白蘿蔔、竹筍等皆不能吃，要愼選溫性、平性食材。

◎ 煎炸、炭烤、乾炒的食物，或較硬的食物如花生、瓜子、乾豆、牛筋等，也不宜吃，容易導致口乾、腸胃不適。

產後一定要喝生化湯嗎？為什麼西醫多叫產婦不能喝？

生產後，子宮須回復到懷孕前像拳頭一樣地大小，所以必須一直收縮。子宮收縮不良的話，很容易埋下日後婦女病的病根。生化湯便是幫助子宮收縮、排除惡露最好的飲品，生產後就可以馬上開始喝。它針對產後虛瘀並見的體質，具有極佳的雙向調節作用。

以西方醫學的超音波來檢驗子宮、宮底高度、子宮體積大小等，確實證明了生化湯能使子宮的復原更好。但是生化湯不能當補藥一樣，拼命地喝，一般來說自然生產者七帖，剖腹生產者十二帖（一律飯前服用）就足夠了，喝多了反而會惡露不止。

產後住院期間，醫師都會給「子宮收縮劑」，此時如果與生化湯同時服用，恐怕會過於強烈，加上坊間生化湯配方不一，無法保證安全，因此醫師多希望產婦不要喝。所以最好選擇安全、溫和的生化湯，經現代醫學改良配方的生化湯更好，每天分幾次小口飲用，且與子宮收縮劑間隔兩小時以上服用，就沒問題了。

產後為什麼不能喝水？西醫說餵食母乳需多補充水，假使坐月子期間不能喝水，會不會減少乳汁分泌？

由於產後全身細胞鬆弛，喝進過量的水容易導致新陳代謝不良，破壞了體質更新的契機，也會使體型變胖、內臟下垂，將來容易罹患風溼病、神經痛，以及其它婦女病，所以最好不要喝水。但不喝水不代表沒有攝取足夠的水分，事實上，飲食中的水分已經足夠所需，生化湯、活力飲、解渴茶或米酒料理等，都可以為身體提供必要的水分，滿足哺乳的需求。要訣在於一小口一小口地喝，便不會在大腦的意識裡，老是渴望著喝水。

為什麼一定要用酒來料理？會不會對哺乳造成影響？

從中醫的觀點看，米酒扮演的是「藥引」的角色，可將補品帶至全身，將藥性作用發揮得更完全。它也是產後虛寒體質的熱力來源，可以促進血液循環，排除體內瘀血，舒筋散塞。

有人認為，食補中的酒精成分會經由母親分泌的乳汁，被嬰兒所接受，所以哺乳不宜喝酒。——其實這樣說並無根據，何況坐月子使用米酒做菜，還有一項重點要注意，須將酒精煮至揮發，才不會增加肝臟負擔，因此留下的只有「酒香」、已無「酒味」了，哺乳的媽媽不必過度擔心。

坐月子期間不能洗澡洗頭的說法，有何根據？

大家一定聽說過坐月子期間不准洗頭、洗澡，很多產婦都覺得不可思議；事實上，這是必須確實做到的。洗頭或吹風會增加皮膚表面散

熱，而使皮下組織血管收縮，時間久了組織缺氧容易酸痛、引起神經痛。同樣的，洗澡也要禁止，因為此時身體毛細孔大張，只要一洗澡，風邪便會趁虛而入。但平心而論，產後因自然生理狀況，以及飲食中多以酒代水的緣故，身體比平常更加容易出汗，對不能洗澡的產婦來說，可謂一件苦差事！不妨使用熱水和酒各半的混合液，擦拭腹部及出汗處；或者以茶水加鹽及酒精的混合液來消毒腋下及陰部、肛門，不但保持清潔，也有收斂的效果。如果頭癢，可使用乾洗劑，或是以加溫酒精沾脫脂棉，把頭髮分開對著頭皮前後左右擦拭。最好是用米酒1瓶、老薑汁60cc的混合液加熱後裝在保溫瓶內，隨時可用來擦頭、擦身體。

不能吃鹽或任何調味料嗎？

坐月子有一個很重要的目的，在懷孕期間所增加的水分必須在這段期間慢慢排出體外，吃太鹹的食物會使水分滯留，血流速度減緩，體內新陳代謝不易；也會導致口渴，因此想喝更多的水，造成惡性循環。而醋、酸的食物最好能忌口，因為酸、醋有收斂的效果，會使人體細胞活動遲緩，造成肌膚鬆弛、內臟下垂。

不過，這樣缺鹽無醋、禁醬油的飲食內容，可能會讓很多口味重的產婦難以下嚥。請別擔心，妳會發現，只要巧妙搭配食材，再經過米酒、老薑、麻油調理的坐月子飲食，依舊是令人垂涎三尺，美味又健康。

剖腹生產可以用米酒、黑麻油來料理食物嗎？

有人認為剖腹產婦有傷口不宜喝酒，但是剖腹產的傷口是屬於乾淨的傷口，較無大礙，何況坐月子期間，酒是食補中不可缺乏的材料，且酒精已揮發，兩相權衡之下，剖腹產婦是不必禁酒的。此外，也有人認為黑麻油會使肚皮傷口容易感染，其實這種說法並無根據，但烹調坐月子膳食使用的黑麻油一定要選擇低溫烘培的，才不會上火。

為什麼媽媽的奶水會分泌不足？

根據研究，只有不到1%的母親會因為生理上的因素，不能分泌足夠的乳汁，但一點乳汁都沒有的機會就微乎其微了。那為什麼會奶量不足呢？影響乳汁製造的因素中，母體的營養均衡、充分休息當然很重要，但造成奶水不足的原因，有很多是因為太慢開始餵母乳，或吸吮不夠所致。所以，風車在這裡要教妳幾招「撇步」：

■ **生產完一小時內馬上哺乳：**
什麼時候可以開始哺乳呢？這是很多新手媽媽的疑問，其實，只要分娩過程正常，沒有併發症，寶寶剛出生時，便可以抱抱寶寶，試著讓寶寶接觸乳頭，習慣吸吮，而不必在意此時奶量夠不夠。讓寶寶的嘴巴儘量靠近乳暈，如此奶量才會出得多，乳頭也不會受傷。此舉不但帶給母子雙方極大的滿足感，也是接下來能夠順利餵母奶的第一步喔！

■ **產後第一天至第三天：**
此時初乳分泌量雖不多，但已足夠寶寶所需，正是訓練寶寶專心吸奶的良好機會。所以不要急著補充配方奶，反而是儘可能讓寶寶多吸、長時間地吸、不喝任何其它飲品地吸，才能刺激乳汁分泌。母奶分泌的原理就像是市場的供需原理，寶寶吸得愈多，乳汁便能源源不絕地供應。

■ **產後第三天起：**
媽媽開始有脹奶現象，且寶寶經過前二天的訓練已懂得怎麼吸才有奶。媽媽餵奶時不能一心兩用，要把心思專注在嬰兒的吸吮上，一旦嬰兒暫停或睡覺，須將嬰兒喚醒，直到寶寶喝飽為止。

第一階段

產後的身體甫經氣血大失，虛瘀並見，正確的調養足以影響一生的健康！

目前最重要的飲食目標是將惡露排淨、利水消腫，胃腸需休息；同時，藉著這一週的調養過程，妳也可以將生產時的緊張、懷孕時的辛苦、種種人情世故暫拋腦後，讓心情重新歸零，感覺一天比一天更輕盈！

第一週調理重點：排除惡露，恢復子宮機能

歷經懷孕生產的辛苦，當看到寶寶的一刻，會有如釋重負的感覺，過了一陣子，才開始感受到四肢酸痛、精疲力竭。這時，來一碗熱騰騰的生化湯，是最好的產後填腹食品。不過，剖腹產婦得忍耐些，需等排氣之後才能開始喝生化湯。

第一週惡露量很多，為鮮紅色，是子宮復原的過程中必經的生理現象，除了勤換棉墊、避免感染外，以生化湯幫助子宮收縮是很好的選擇。在懷孕期間被撐大的子宮現在要一點一點地縮回去，勢必要不斷不斷地收縮，生化湯便具有極佳的雙向調節作用：一方面促進子宮收縮、惡露排盡，將殘留的血塊及分泌物排出體外，一方面又可以減少子宮收縮時的痛，因為它具有緩和子宮平滑肌、鬆弛神經肌肉的作用，以達到止痛的目的。不過一定要喝安全、溫和的生化湯，且必須與子宮收縮劑間隔兩小時以上服用。

坐月子期間，子宮是否復原良好，往往影響產婦一生的健康，若是收縮不良，容易種下日後婦女病的病因。一般而言，至少要休養30天，其中，又以產後第一週為決定子宮收縮是否完全的關鍵所在。所以第一週飲食重點不在於大補特補，而是以麻油豬肝為主食，幫助惡露排除，恢復子宮機能。特別是生產過後，胃腸活動力最弱，大塊肉類千萬不要吃，如果馬上食用麻油雞之類的食物，反而會妨礙惡露排出，甚至惡露會停止，子宮難以恢復原狀，也會嚴重破壞體型。

因此，為了幫助子宮收縮良好、身材恢復較快，一定要遵守階段性的飲食法，並立刻開始綁上腹帶，效果會更好。

這一週，媽媽會注意到身體的出汗量特別多，這是因為懷孕後期體內累積的水分必須在產後排出體外，出汗便是排出身體多餘水分的重要途逕。產後幾天的排汗狀況，甚至可以達到1天至少1公斤！所以，產後瘦身一定要掌握第一週「利水消腫」的黃金時期，嚴禁喝水、食物不加鹽或其它調味料，以免對新陳代

謝產生不良影響,再施以熱補,促進發汗、排尿,使體內過多的水分排解出來。

在不能喝水的情況下,可以生化湯、去油的麻油豬肝湯汁、活力飲代替水分的攝取,重點在於小口地喝,一天分多次飲用。活力飲的作用在於緩和藥性、儘速排除藥物的囤積,降低藥物對母奶的影響,使產婦可以安心哺乳。

雖然迎接新生兒的到來,是一件令人雀躍的事,不過產後體內荷爾蒙的劇烈變化卻令剛生產完的媽媽招架不住,再加上未充分休息,疲勞沒有消除,而容易引起情緒上的不安,產生頭痛、睡不好、無胃口、焦慮、手足無措等身心症狀,這便是輕微的「產後憂鬱症」。大部分的媽媽或多或少在產後第一週都會經歷這些狀況,往往看到寶寶哭,自己也莫名其妙哭了起來。此時應尋求支持與慰藉,任何心裡的感受都可以和先生、朋友、家人談開,不要憋在心裡,委屈自己。

最重要的當然是隨時提醒自己放鬆心情,把握時間充分休息,隨著寶寶的作息而活動,寶寶睡媽媽也睡,寶寶醒媽媽也起來,不要想利用寶寶睡覺的時間做別的事,那是很累人的喲!還有,寶寶出生以後,不須等到奶汁分泌,便可以試著讓他吸吮乳頭,是成功哺乳的第一步喔!哺乳媽媽本週起可開始吃花生燉豬腳、黃豆木瓜鯽魚湯等發奶膳食。

第一週建議食譜

主　　　食:麻油豬肝、菠菜炒豬肝、麻油豬心、老薑鱸魚湯
藥膳燉品:加入「補血養神」→「利水消腫」→「消除疲勞」之產後階段性
　　　　　藥膳方
發奶膳食:黃豆木瓜鯽魚湯、花生燉豬腳、發奶藥膳
飲　　　料:生化湯、活力飲

第一週主食：麻油豬肝

【 活血化瘀，幫助子宮內的污血排出體外；補氣養血、保肝明目 】

重要成份	主 要 效 用
黑 麻 油	低溫烘培的黑麻油可以補中益氣，養五臟，改善產後虛困，而且富含不飽和脂肪酸、養血潤腸、改善便秘。
老 薑	發汗解表、溫中止嘔、解毒、促進食慾，而且老薑富含纖維，可以預防便秘，請連皮咀嚼吃下去。
米 酒	通經絡，使身體保暖，促進內臟機能。
豬 肝	富含蛋白質、鐵質、維生素A有：補肝明目、養血安視、補血益氣、預防貧血之效。

第一週藥膳：產後階段性藥膳方　補血養神→利水消腫 →消除疲勞

【 排除與淨化，補血、補氣、補陰、補陽、利水、活血 】

重要成份	主 要 效 用
黨 蔘	產後四肢疲倦、氣血兩虧，而且脾胃虛弱、口乾舌燥，黨蔘有助於補氣、益血、生津。
當 歸	含多種人體所需的氨基酸、維生素，補氣活血、活血散瘀，可以調節子宮機能，也有潤腸、通便之效。
黃 耆	俗稱小人蔘，益氣補虛、安神定心、幫助睡眠、促進傷口癒合。針對產後汗流不止，有固表止汗、利尿之效。與當歸同用，可加強免疫力、強心降壓，預防子宮脫垂。
薏 仁	產後是體內大掃除的最佳時機，薏仁有健脾、利濕、清熱、解毒、利水消腫之效。
茯 苓	有利水滲溼、健脾、寧心安神、增強免疫力之效，而且對胃腸有鬆弛作用，降低胃酸分泌，改善產後食慾不振。

Do You Know?

剖腹產媽媽應該特別注意什麼？

1) 肚皮傷口：
手術後最好使用腹帶，一方面可產生壓迫止血的作用，促進傷口癒合，另方面減少皮膚肌肉的牽扯，使產婦翻身或改變身體姿勢時對傷口的牽扯減到最低，不但減輕疼痛，傷口的癒合也較理想。

2) 飲食：
少吃易漲氣的乾豆類、洋蔥、地瓜，以及含果膠較多的香蕉、蘋果。

3) 食補：
「黃耆燉鱸魚」特別適合剖腹產婦吃。黃耆20公克、米酒3杯，以外鍋加半杯水蒸煮，然後去殘渣，用濾過的黃耆汁液煮鱸魚1條，煮熟即可。黃耆補氣，可以增強免疫能力，鱸魚則有促進傷口癒合的功能。如果產婦有貧血的現象，可再加入黑棗一起燉煮，具有補血的作用。

4) 子宮收縮：
剖腹媽媽因為生產時子宮口未自然張開，污血較不易排出，所以惡露雖然較自然產者少，卻需要喝較多的生化湯（12天），以幫助子宮收縮復原。

麻油豬肝

[功效]

幫助子宮排出污血及老廢物，促進子宮收縮，以恢復正常功能。

[小筆記]
1. 豬肝和老薑可當作下飯菜吃。
2. 湯汁去油後，可代替水，口渴時含於口中飲用或拌煮熟的麵線食用。

| 材料 |

豬肝	體重每10公斤取60公克
老薑	體重每10公斤取6公克
黑麻油	體重每10公斤取6cc
米酒	體重每10公斤取60cc

| 作法 |

1. 豬肝洗淨擦乾，切成1公分厚薄片備用。

2. 老薑連皮切片。

3. 鍋加熱後，倒入麻油，油熱後加入薑片，煎到呈淺褐色，撈出待用。

4. 豬肝入鍋以大火快炒，再倒入米酒煮開，加入炒過的老薑後，馬上熄火，趁熱食用。

5. 不敢喝酒的媽媽在米酒煮滾後，取出豬肝，將酒用小火煮至完全沒有酒味為止，再將豬肝回鍋即可。

菠菜炒豬肝

【功效】

除排除惡露作用外，菠菜富含維他命 A、C 及礦物質，具通便利腸、補血效果，可改善腸胃不適、痛風、便秘及貧血。

｜材料｜

豬肝	250 公克
菠菜	250 公克
老薑	5 片
麻油	3 大匙
地瓜粉	1 小匙
米酒	少許

｜作法｜

1. 豬肝洗淨擦乾，切成1公分厚薄片，加地瓜粉拌勻備用。

2. 菠菜洗淨瀝乾，切段。

3. 鍋加熱後，倒入麻油，油熱後爆香薑片，煎到淺褐色，放到鍋邊備用。

4. 加入菠菜和豬肝快炒，淋入少許米酒，炒到豬肝不見血色為止。

[小筆記]
豬肝要用大火快炒，以免煮得過老，難以嚼嚥。

27

麻油豬心

【功效】
豬心可安定神經，有助於產婦克服憂鬱症。

| 材料 |

豬心	1 個
老薑	15 片
麻油	3 大匙
米酒	1 瓶

| 作 法 |

1) 將豬心對切，去除內部血塊，洗淨擦乾後切片備用。

2) 老薑洗淨後連皮切片。

3) 鍋加熱後，倒入麻油，油熱後加薑片，煎成淺褐色取出備用。

4) 豬心加入鍋內，大火快炒數下，再加米酒，煮滾後改用小火，煮到酒精揮發即可。

老薑鱸魚湯

【功效】

鱸魚含豐富維他命A及D，有助於補血及傷口癒合，不論是自然產或部腹產產婦都適合食用。

|材 料|

鱸魚	1 條（約500公克）
老薑	15 片
麻油	3 大匙
米酒	1 瓶

|作 法|

1) 鱸魚清洗乾淨後，切成數段備用。

2) 麻油以中火加熱後，加入薑片，煎到呈淺褐色，取出備用。

3) 加魚塊、米酒，大火煮滾後改用小火煮到酒精揮發掉，最後加入薑片即可，趁熱食用。

香菇花生燉豬腳

【功效】

花生富含不飽和脂肪酸及卵磷脂，有益氣補虛作用。

豬腳富含蛋白質、脂肪，可補血通乳，和花生一起食用效果更佳。

| 材料 |

豬腳	體重每 10 公斤用 60 公克
花生	體重每 10 公斤用 60 公克
老薑	體重每 10 公斤用 6 公克
香菇	體重每 10 公斤用 3 公克
米酒	體重每 10 公斤用 60 cc
麻油	體重每 10 公斤用 6 cc
紅棗	適量

| 作 法 |

1) 花生需事先煮好，先用大火煮滾後，改用小火到煮熟為止，去皮剝半去掉胚芽部分。

2) 香菇以適量米酒浸泡，泡軟後取出切塊備用，米酒以紙巾過濾殘渣備用。

3) 麻油加熱後，爆香薑片，煎到淺褐色，取出備用。

4) 放入花生略炒，再加豬腳、薑片、香菇、紅棗和所有米酒，加蓋煮開後改用小火煮3小時。

黃豆木瓜鯽魚湯

【功效】

人參能補氣血、補肺健脾，氣血一旦轉好就能促進乳汁分泌，配合白朮、黃耆、陳皮補脾健胃，乳汁分泌更加充足，而木瓜的通乳效果更是眾所皆知，而鯽魚可改善產後肢體虛胖、水腫現象。

｜材料｜

黃耆	15 公克	白朮	6 公克
鯽魚	1 條	陳皮	3 公克
黃豆	1/2 杯	青木瓜	1/4 個
米酒	2 瓶	薑	5 片

｜作法｜

1) 黃豆洗淨後用熱水浸泡1晚，瀝乾備用。

2) 鯽魚洗淨擦乾，青木瓜去皮去籽後洗淨切塊，薑切絲。

3) 鍋內加酒，加入木瓜、黃豆和中藥材，煮滾後改用小火煮20分，再加鯽魚繼續煮10分鐘，加入薑絲即可。

第二階段

本週除了以飲食協助代謝、活化生理機能之外，精神上也要努力振奮起來，亟需毅力與耐性的坐月子調理時期，才開始了四分之一而已，仍然不能掉以輕心！特別是產後一定要避免肉體上的勞動，與精神上的疲勞，莫逞一時之強，否則鬆弛的內臟與子宮難以恢復，日後也容易腰痠背痛。

第二週調理重點：促進代謝、恢復體力、改善腰痠背痛

跟第一週比起來，母子雙方都已經適應許多了，寶寶吃奶的次數增多，媽媽只要依寶寶的需求餵食，不需照什麼時間或次數，就如同寶寶在子宮內隨時可以攝取營養一樣，寶寶想吃就讓他吃，那麼母乳便能分泌得愈多。儘量不要使用奶嘴，以免發生乳頭混淆的狀況。應注意正確的餵奶姿勢，側躺餵奶是最好的選擇，可以避免乳頭拉傷和日後筋骨酸痛。

這期間，會有親朋好友陸續來訪，請交代親人負責招待，產婦自己最好不要會見過多訪客，影響到休息。產後第二週仍是子宮收縮的重要時期，除了吃飯、上廁所外，應以臥床為主。此時也是骨頭整合、重新調整的重要時期，切勿過度勞累，應多靜躺休息、少看電視書報，否則容易使產後腰酸背痛更嚴重。

這是因為生產後骨盤環部尚鬆弛而不穩，產後的身體重心尚未正常化，腹部肌肉尚無法保持正常之腰動等。雖然腰酸背痛是產後常見的煩惱，每三個人就有將近兩個人會出現這種情形，而且自然生產者與剖腹生產者的機率相同；但是如果掉以輕心，勞動太多，疲勞沒有消除的話，便會留下諸多後遺症。

所以產婦應儘量臥床休息，可以進行簡單的腰部伸展運動，但不能過早做家事，也要避免久站、久坐，少用腰力，不能提取重物。每天勤綁腹帶，幫助免除腰痛的煩惱。

產後第二週的飲食以麻油豬腰為主，預防產後腰酸背痛，以及促進新陳代謝、恢復體力。由於惡露未淨及瘦身計畫正在此時進行，本週仍不宜大補，飲食應清淡。前兩週大塊肉類最好不吃，連煮藥膳使用的排骨、雞腿也不要吃，只喝藥湯，因為產後胃腸活動力較弱，過度油膩的話，會導致消化不良。

為把握第二週腰痛調理的黃金時期，最好開始搭配服用「杜仲藥膳」，以調整、恢復腎臟的功能，強壯筋骨、腰力，更有輔助治療腰酸背痛、關節痛的作用。若食用的杜仲膠囊，則每日三餐飯後服用，一次五顆到十顆，視個人腰酸背痛的情況而定，至少須吃一個月的份量。

活力飲或解渴茶仍是最適當的飲料。剖腹產者則還要多服用五天的生化湯，以幫助子宮收縮。對剖腹產媽媽來說，同時要忍耐肚皮傷口的痛以及子宮收縮的痛，實在很辛苦，一定要堅持喔！

不管是剖腹產或自然產，子宮收縮疼痛在餵母奶時會加劇，這是因為餵母奶時刺激腦下垂體釋放催原素，增加了子宮收縮的強度，不過千萬不要為此而熱敷腹部，以免造成子宮鬆弛或子宮出血。其實，看到寶寶吸吮乳汁滿足的表情，或是了解到哺乳正是最自然的子宮收縮法，再怎麼痛也都煙消雲散了，不是嗎？

第二週建議食譜
主　　食：麻油腰花、杜仲腰花、木瓜尾椎骨湯、十全大補尾椎
　　　　　骨湯
藥膳燉品：加入「補肝腎」→「強化筋骨」→「強壯腰膝」之產
　　　　　後階段性藥膳方
發奶膳食：黃豆木瓜鯽魚湯、香菇花生燉豬腳、發奶藥膳
飲　　料：自然產媽媽改喝解渴茶。
　　　　　剖腹產媽媽生化湯、活力飲喝到第12天，第13天起改
　　　　　喝解渴茶。

第二週主食：麻油豬腰

【 促進新陳代謝，恢復體力，預防產後腰酸背痛】

重要成份	主 要 效 用
黑 麻 油	低溫烘培的黑麻油可以補中益氣，養五臟，改善產後虛困，而且富含不飽和脂肪酸，養血潤腸、改善便秘。
老　　薑	發汗解表、溫中止嘔、解毒、促進食慾，而且老薑富含纖維，可以預防便秘，所以請連皮咀嚼吃下去。
米　　酒	通經絡，使身體保暖，促進內臟機能活動。
豬　　腰	補腎氣、行氣利水、溫陽益腎，治腎虛腰痛，同時補充體力。

第二週藥膳：產後階段性藥膳方　補肝腎→強化筋骨→強壯腰膝

【 溫陽益腎，調整恢復，補血、補氣、補陰、補陽、利水、活血】

重要成份	主 要 效 用
女眞子	滋補肝腎、強壯腰膝、明耳目，增強身體免疫能力。
菟絲子	補腎益精，適用於腰膝酸痛，有明目、止瀉之效。
肉從蓉	補腎益精，適用於腰膝冷痛，也有潤腸之效。
杜 仲	補肝腎、強筋骨，治腰膝疼痛，能鎮靜、降血壓，改善頭暈、失眠等症狀。
首 烏	補肝腎、益精血、烏鬚髮，可治產後血虛體弱、神疲力乏、腰膝酸痛。

Do You Know?

觀察惡露就可以知道子宮收縮是否良好

雖然惡露在產後六週中會持續分泌，但大多數產婦的惡露在產後三週就會漸漸減少，如果多於三週表示子宮復原的情形不理想，應設法找出原因，請仔細回想：

■ 我是不是休息不夠？

■ 我是不是有提重物？

■ 是否抱小孩的方法不正確，使身體過於吃力？

■ 是否太勞累、休息不夠或難以入眠？

以下是觀察惡露的方法，如有問題，應趕快請教婦科醫師：

<型>：以型來說，惡露應由紅惡露慢慢變成漿惡露，再轉變爲白惡露，順序不應顚倒。

<質>：以質來說，惡露不應含大血塊。如果持續兩週以上，惡露仍屬紅色是不正常的。

<氣味>：以氣味來說，不應有惡臭味，有惡臭味表示可能感染。

<量>：以量來說，餵母奶時因催原素促進子宮收縮，所以惡露量少；用力或下床做費力的運動時，惡露就會增多；剖腹產者的惡露較自然產者少。

麻油腰花

【功效】
協助促進新陳代謝，加強骨盆腔、子宮收縮，調節體內水分，改善小腹脹氣。

[小筆記]
1. 豬腰和薑片當作下飯的配菜吃
2. 一天吃一副腰子，可連吃七天

| 材 料 |

豬腰　體重每 10 公斤取 60 公克
　　　（如體重50公斤約取300公克的腰子）
老薑　體重每 10 公斤取 6 公克
麻油　體重每 10 公斤取 6 cc
米酒　體重每 10 公斤取 60 cc

| 作 法 |

1) 腰子對切去筋，浸泡在水中，不時換水，到水沒有異味為止。

2) 在豬腰表面上輕劃斜紋，再切塊。

3) 老薑洗淨連皮切片。

4) 鍋加熱後倒入麻油，油熱後將薑片煎到淺褐色，取出備用。

5) 下豬腰，用大火快炒。

6) 倒入米酒，煮開後放入炒過的老薑，馬上熄火，趁熱食用。

7) 不喜歡酒味者，倒入米酒用大火煮滾後，撈出腰花，改用小火加蓋煮到酒精揮發為止，再將薑片、腰花回鍋略煮即可。

杜仲腰花

〔功效〕

杜仲腰花是產後不可或缺的藥膳，可明顯改善腰酸背痛現象。

杜仲有鎮靜、鎮痛、抗發炎等功效，並可補肝腎、強筋骨。

豬腰有益腎氣，可防止腰酸背痛、補充體力。

| 材 料 |

杜仲	1 兩
豬腰	1 副
米酒	4 杯

| 作 法 |

1) 腰子對切去筋，浸泡在水中，不時換水，到水沒有異味為止。

2) 在豬腰表面上輕劃斜紋，再切塊。

3) 鍋內放入4杯酒，再加杜仲，大火煮沸後，改用小火煮約20分，加入腰花，煮到腰花變色即可。

十全大補尾椎骨湯

【功效】

十全大補藥材包括當歸、熟地、黨參、白芍、川芎、白朮、茯苓、甘草、黃耆、肉桂，外加紅棗、枸杞，是常用的滋補藥材，和豬尾椎骨一起食用，有助於強壯筋骨，尤其是改善腰部不適。

| 材料 |

十全大補中藥材	1 包
豬尾骨	1 支
米酒	4 杯

| 作法 |

1) 豬尾骨洗淨，擦乾剁成 8塊，加入沸水中汆燙後取出，以冷水沖洗擦乾。

2) 放入燉鍋內，加藥材、米酒，用大火煮滾後改用小火慢燉約4小時即可。

木瓜尾椎骨湯

【功效】

所謂吃骨補骨，尾椎骨對緩和腰痛最具功效。

石斛可溫補體質、強身健體、滋補脾臟，再配合木瓜、牛膝、枸杞、黑棗，可改善腿痛及不能久立，尤其適合胃口不好的產婦。

｜材料｜

青木瓜	200 公克
豬尾骨	1 根
木瓜（中藥材）	4.5 公克
石斛	6 公克
牛膝	4.5 公克
黑棗	6 顆
枸杞	9 公克
米酒	2 瓶

｜作 法｜

1) 青木瓜削皮後對切去籽，洗淨後切成滾刀塊。

2) 豬尾骨剁成小塊，以熱水汆燙後，再以冷水沖洗擦乾。木瓜、石斛、牛膝藥材用布袋裝好。

3) 鍋內加酒，放入枸杞以外所有材料，以大火煮沸後改以小火煮約40分，加枸杞再煮20分鐘。

第三／四階段

經過兩週的調理，身體已經處於可以良好吸收食補精華的狀態了，從現在開始到滿月，惡露將盡，正是進補的最佳時機！千萬別在這時候，就鬆懈下來，仍要繼續堅持下去，遵守坐月子的方法，以藥膳補血、補氣，預防老化。

第三／四週調理重點：調養體力，改善體質，預防老化

階段性的飲食法在進入第三週後，重點便放在補氣補血、補陰補陽，以及預防老化。此時惡露將近，才是進補的最佳時機，以麻油雞為主食，並可藉著藥膳調理，改善原先弱勢體質如氣喘、過敏、腸胃弱、腰酸、眼睛疲倦、時常感冒等。

相較於歐美婦女產後易發生皮膚黑色素沉澱而老得快，中國人能保持年輕、皮膚紅潤光澤的秘訣，可要歸功於產後麻油雞的滋補！在烹煮麻油雞時，以選擇烏骨雞為佳，以代替一般肉雞或土雞。烏骨雞為藥膳珍品，補虛勞，益產婦，改善一切虛損諸病，而且脂肪低，含豐富優質蛋白質、DHA、維生素A、B2、鐵質等，可治貧血，具有保固腎臟的優點，也更符合清爽進補原則。

從現在開始，雖然可以開始大補特補了，但飲食上仍應遵守清淡原則，不加鹽或任何調味料，以免破壞體質更新的契機，而且過度油膩容易導致消化不良。解渴茶仍是最好的水替代性飲料。其它像稀飯、醋、酸性及水分多的食物，或辛辣刺激的食物都應忌口，煎炸、炭烤、堅硬的食物更要繼續遠離。所有的藥膳燉品都要趁熱取食，才能發揮食物的療效。

雖然到了產後第三、四週，媽媽的體力已經恢復不少，但還是別急著做家事或外出，畢竟身體仍在復原中，容易感染風寒；就連洗頭、洗澡也不能大意，以乾洗或薑澡的方式較好，此時若貿然碰水，仍會引發偏頭痛或招致感冒！總之，生活方面要繼續嚴守禁忌，好好保護自己，飲食方面則要抓住進補時機，好好改善體質；屆時，妳會發現鏡中的自己逐漸散發出一個健康而美麗的母親所具有的獨特光采與魅力！

第三週建議食譜

主　　食：麻油雞、栗子雞、當歸黃耆雞、茯苓蓮子雞、豬肚燉排骨
　　　　　麻油烏魚、熟地羊肉湯、麻油蝦

藥膳燉品：加入「生津安神」→「排除脹氣」→「補中益氣」之產後階
　　　　　段性藥膳

發奶膳食：黃豆木瓜鯽魚湯、香菇花生燉豬腳、發奶藥膳

飲　　料：解渴茶

第四週建議食譜

主　　食：麻油雞、栗子雞、當歸黃耆雞、茯苓蓮子雞、豬肚燉排骨
　　　　　麻油烏魚、熟地羊肉湯、麻油蝦

藥膳燉品：加入「補氣活血」→「益精明目」→「體力復原」之產後階
　　　　　段性藥膳

發奶膳食：黃豆木瓜鯽魚湯、香菇花生燉豬腳、發奶藥膳

飲　　料：解渴茶

第三／四週主食： 麻油烏骨雞
【 幫助體力調養，恢復元氣 】

重要成份	主 要 效 用
黑 麻 油	低溫烘培的黑麻油可以補中益氣，養五臟，改善產後虛困，且富含不飽和脂肪酸，養血潤腸、改善便秘。
老　　薑	發汗解表、溫中止嘔、解毒、促進食慾，而且老薑富含纖維，可以預防便秘，所以請連皮咀嚼吃下去。
米　　酒	通經絡，使身體保暖，促進內臟機能活動。
烏 骨 雞	可治貧血，補益五臟，主治補虛勞、益產婦一切虛損諸病。應選烏雌雞，不可選烏雄雞，烏雄雞是用來安胎的，烏雌雞才適合產婦。

第三週藥膳：產後階段性藥膳方　生津安神→排除脹氣→補中益氣
【滋養強壯，補血、補氣、補陰、補陽、利水、活血】

重要成份	主要效用
熟　地	補益肝腎、養血滋陰。
淮　七	活血通經、補益肝腎，強筋骨，治腰膝酸痛。
川　芎	活血行氣、祛風止痛，對神經系統有顯著的鎮靜作用，也可以降血壓，是婦科良藥。
大　棗	即紅棗，可健胃補脾、益補氣血、調和營養、解藥毒，適用於體弱或開刀後調養。
枸　杞	富含胡蘿蔔素、維生素B群，具滋腎、健脾、養肝明目之效。

第四週藥膳：產後階段性藥膳方　補氣活血→益精明目→體力復原
【預防老化，補血、補氣、補陰、補陽、利水、活血】

重要成份	主要效用
白　芍	補血、柔肝、止痛，對胃腸與子宮平滑肌有緩和的作用。
參　鬚	益血生津、安定心神，可以增強免疫力、補充元氣、消除疲勞。
黑　豆	黑豆補腎，可長肌膚、益顏色、填骨髓、長氣力、補虛能食，也含有可延緩人體機能老化的微量元素。
陳　皮	理氣良藥，也有健脾、開胃、化痰等效用。
玉　竹	滋陰潤肺、養胃生津，有強心作用，亦可消除臉上色素沉積，改善黑斑症狀。

麻油雞

[小筆記]
1. 趁熱吃味道最為甜美，不敢吃太油膩的人，可將浮於湯上的油撈起，冷卻後冷藏，等坐完月子後可用來炒菜、煎蛋、炒飯等。
2. 收了油後的酒湯，可置於熱水瓶中慢慢喝；雞肉則配飯食用。
3. 可吃到產後六個月，有益於母體和嬰兒體質強化。

【功效】

產後體力調養最佳滋補聖品，可以協助產後婦新陳代謝，恢復體力。

烏骨雞的細胞中含有美拉寧黑色色素，一些學者認為這種色素可增進免疫力。和肉雞相較，脂肪含量、熱量較低，但蛋白質含量較高，也含有較多鐵、鋅等礦物質。

| 材料 |

烏骨雞	半隻
老薑	每 100 公克雞肉取 10 公克
米酒	每 100 公克雞肉取 100 cc
麻油	每 100 公克雞肉取 10 cc

| 作法 |

1) 雞洗淨拭乾後切塊，老薑洗淨拭乾後連皮切片。

2) 鍋加熱後加入麻油，油熱後放入老薑，煎到呈淺褐色，把薑移至鍋邊備用。

3) 雞塊入鍋炒至七分熟，將酒由四周往中間淋，全部倒入後加蓋煮。

4) 煮開後，轉小火煮30～40分鐘即可。

栗子雞

【功效】
栗子健脾益氣，適合體質虛寒者。
黑棗可治失眠、便秘、脹氣、掉髮，
並可改善食欲。

| 材 料 |

雞	半隻
栗子	150 公克
黑棗	100 公克
老薑	雞肉每 100 公克用 10 公克
麻油	雞肉每 100 公克用 10 cc
米酒	雞肉每 100 公克用 100 cc
冰糖	少許

| 作 法 |

1) 栗子、黑棗用適量米酒浸泡，浸軟後取出備用，米酒留用。

2) 雞肉洗淨擦乾後切塊。

3) 鍋子加熱後倒入麻油，油熱後加入薑片，煎到淺褐色為止，撈起備用。

4) 倒入雞塊，炒到雞塊半熟後再加栗子、黑棗、冰糖，倒入所有米酒，用大火煮滾後改用小火，煮到酒精揮發為止。

[小筆記]
栗子富含澱粉，胃脹氣者不宜多食。

當歸黃耆雞

【功效】

當歸富含維生素B12、菸鹼酸，有補血、活血、潤腸、通便等功效。黃耆可益氣補虛、定神安心、增進新陳代謝，二者合用可補氣養血、提高免疫力、防止子宮下垂，並促進傷口癒口，調節子宮機能，改善產後氣血虛弱造成的多汗現象。

| 材 料 |

當歸	15 公克
黃耆	15 公克
雞	半隻
米酒	每100 公克雞肉取100 cc

| 作 法 |

1) 雞塊洗淨擦乾切塊備用。

2) 雞塊和中藥材、米酒加入燉鍋內，大火煮滾後改用小火，煮到酒精揮發即可。

茯苓蓮子雞

【功效】

茯苓可養心安神、改善食慾不振、心悸失眠、增強免疫力。

蓮子除主要成份澱粉外，也含蛋白質、鈣、磷、鐵，可養心安神、健脾補腎。

｜材 料｜

茯苓	30 公克
蓮子	30 公克
雞肉	300 公克
老薑	5 片
麻油	2 大匙
米酒	1 瓶

｜作 法｜

1) 茯苓、蓮子倒入容器中，加米酒到蓋滿藥材的程度。藥材膨脹後，取出備用，米酒留用。

2) 茯苓、蓮子蒸熟備用。

3) 鍋熱後加油，油熱後加薑片，煎到呈淺褐色，放到鍋邊待用。

4) 加入雞肉炒到七分熟，倒入米酒、茯苓、蓮子，用大火煮滾後改用小火煮到酒精揮發為止。

[小筆記]
1. 豬肚處理：先以麵粉搓揉洗淨，再加白醋搓洗，以清水沖洗，以去除腥味。洗好後加入薑、少許酒及5杯水，煮約1小時。可在鍋底放1片高麗菜，避免豬肚燒焦。
2. 吃豬肚可補子宮和膀胱，但骨煮爛，以免消化不良。

豬肚燉排骨

[功效]

豬肚富含蛋白質、脂肪、鈣、磷、鐵、核黃素，可健脾胃、補虛損、治頻尿，改善食慾不振、全身乏力、胃下垂等症狀。蓮子含蛋白質、脂肪、碳水化合物、鈣、磷、鐵，可補脾胃，安定心神。

材 料	
煮熟豬肚	半個
豬排骨	200 公克
紅蘿蔔	少許
蓮子	100 公克
黑棗	50 公克
米酒	1 瓶
老薑	4 片

| 作 法 |

1) 蓮子、黑棗用適量米酒浸泡約30分，取出備用，米酒留用。
2) 豬肚斜切薄片，薑切絲，排骨洗淨擦乾，紅蘿蔔切片。
3) 米酒倒入鍋內加入所有材料，大火煮滾後改用小火，煮到酒精揮發為止。

｜ 材 料 ｜

烏魚	半條
老薑	5 片
麻油	3 大匙
米酒	半瓶

｜ 作 法 ｜

1) 烏魚洗淨擦乾後切塊，薑切片。

2) 鍋加熱後倒入麻油，燒熱後加入薑片煎
到呈褐色，取出備用。

3) 加入魚塊、米酒，用大火煮滾後改用小
火，煮到酒精揮發為止，最後加入薑片
即可。

麻油烏魚

【功效】

烏魚一向有「魚中珍品」之稱，

有利產後康復、身體虛弱者滋補。

[小筆記]

鱸魚、鯰魚、石斑魚、鰻魚、鯉魚、河鰻、鯽魚、
鮭魚、旗魚、黃魚、赤鯛等性平或溫的魚類都適合
產婦食用，可依季節性、個人喜好挑選。

熟地羊肉湯

【功效】
羊肉能補血及補氣，尤適合身體虛弱怕冷或產後貧血的產婦。

| 材 料 |

熟地	6 公克
爆過老薑	1.5 公克
細辛	3 公克
炙甘草	3 公克
羊肉	400 公克
米酒	2 瓶

| 作 法 |

1) 羊肉用熱水汆燙後，再以冷水沖涼瀝乾。

2) 電鍋內鍋放入所有材料，加米酒，外鍋加水3杯，煮到開關跳起為止。

3) 若用爐火煮，則米酒需2瓶半，先用大火煮，煮滾後改用小火，加蓋煮到酒精揮發為止，約50分鐘。

麻油蝦

【功效】

蝦富含蛋白質，能促進血液循環、補充體力，有利產婦乳汁分泌。

｜材料｜

中型蝦	5 隻
老薑	5 片
麻油	3 大匙
米酒	半瓶

｜作法｜

1) 蝦洗淨後擦乾。

2) 鍋加熱後，倒入麻油，油熱後，加入薑片，煎到呈淺褐色，放在鍋邊。

3) 加蝦、米酒，用大火煮滾後，改用小火煮到酒精揮發為止。

飲　料

產婦因為懷孕而產生細胞內水分的滯留，須在生產後慢慢排出體外，因此如果又在坐月子期間沒有顧忌地喝水，便容易影響到新陳代謝。

坐月子怎樣喝出窈窕身材

坐月子期間嚴格控制喝水量的原因在於水會影響到體質更新的契機，特別是關鍵性的第一週，如果不能達到利水消腫的目的，往後的三週想要讓體重降下來便很難了！

正確的喝水法是：嚴禁喝水，但可以生化湯、活力飲、解渴茶和麻油豬肝、麻油腰花、麻油雞湯、藥膳等的湯汁代替水分的攝取。小口小口慢慢喝，才不會口渴。若覺得太油膩的話，可先將浮在表層的油刮起來，留待坐月子後用來炒菜或拌麵。

很多媽媽擔心沒喝水會導致乳汁分泌不足，其實不然，不喝水不代表沒有攝取足夠的水分，事實上，生化湯、活力飲、解渴茶或藥膳燉品等，都可以爲身體提供必要的水分，滿足哺乳的需求。爲了讓身材儘早恢復，這是唯一的捷徑。

自生產後第一天起開始喝「生化湯」，1日1帖，自然產者喝7天，剖腹產者喝12天（但須等排氣之後）。生化湯必須於飯前或空腹時飲用，飲用時溫熱、小口取用，每次約20-30cc，先含於口中，左右漱口兩次，再緩緩吞下，一天內喝完。

生化湯最好挑選經研發改良的生化湯，成份溫和產婦仍可搭配子宮收縮劑的使用，但兩者須間隔兩小時以上。生化湯的主要功效在於活血補虛、去除惡露、促進子宮收縮，使體內抗體功能提高百分之八十。

生化湯

重要成份	主要效用
當歸	補血、和血、調經止痛、潤燥滑腸、溫中止痛。
川芎	可擴張微血管，行氣活血，治風冷、活血止痛。
桃仁	排除血管壁污物，協助當歸、川芎以活血去瘀、破血行瘀、潤燥滑腸。
炙甘草	有「和事佬之稱」，緩急止痛、補脾益氣。
炮薑	具雙向效果，既可止血也能去惡露、產後瘀血。

剖腹產者最好在生產前一週就開始飲用活力飲，用水煮；待產後才用全酒煮，服用12天。自然產者以全酒煮，產後服用7天。

活力飲的主要藥引為紅色大棗。依照中醫的說法：紅色大棗，甘溫，歸脾胃、經，有補中益氣、養血安神、固衛正氣之效。剖腹產者因為麻醉對肝臟不好，服用此湯，可使經麻醉後的細胞恢復較快；也可幫助睡眠，促進傷口癒合；更能降低抗生素及消炎藥對母奶的影響，使產婦可以安心哺乳。

產後第三、四週飲用「解渴茶」。口渴時小口飲用，每次約20-30cc，先含於口中，左右漱口兩次，再緩緩吞下。

解渴茶有解熱止渴、去風清血之效。產後第三、四週乃最佳進補時期，有人容易虛火上升，口乾口渴，卻又不能多喝水，可作為是水的最佳代替飲料。也可以酌量飲用普洱茶加上菊花茶（普菊茶），但一天不能超過30cc，有去油膩的效果。

生化湯

〔功效〕
產後最好的補身良方，可活血養虛、祛惡露、幫助子宮收縮。

1) 生產後第一口喝20-30cc，慢慢的喝。

2) 口渴時，也要慢慢的喝，每次喝20-30cc。
全部藥汁需在當天入睡前3小時喝完。

3) 自然產媽媽連續服用7天，即7帖藥材，剖腹產
媽媽不妨連續服12帖。

| 材料 |

當歸	8 錢
川芎	6 錢
桃仁	5 分（去蕊）
黑薑	5 分
炙甘草	5 分

| 作法 |

1) 第一次藥：使用藥方重量10倍米酒（約600cc），浸泡1小時，再以大火煮沸後，改用小火加蓋煮30分鐘，過濾取汁。

2) 第二次藥：將煮第一次剩下的藥材用5倍量米酒煮（約 300 cc），小火煮沸後，過濾取汁。

3) 將第一次和第二次藥汁混合，小火不加蓋煮到藥汁濃縮到300 cc，裝於熱水瓶中備用。

活力飲

【功效】

可排解麻醉藥品毒性，也有助於緩和手術後疼痛，不論自然產或剖腹產產婦都適合飲用。

自然產產婦至少喝七天，剖腹產產婦至少喝十二天，但視個人需求可喝到十四天。

｜材料｜ （1天份）

紅棗	7 個
米酒	280 cc

｜作法｜

1) 紅棗洗淨，用刀直劃7刀，置於容器中。

2) 加米酒加蓋放一晚。

3) 放進蒸鍋，煮開後改用小火蒸1小時即可。

[小筆記]

1) 將紅棗取出，去皮去籽，當天隨時可食用。

2) 湯汁可分數次，每次20-30cc，飯後當茶喝。

3) 可加點冰糖或白蘭地。

（烹調時加入或飲用時加皆可）

4) 可將所有天份的活力飲一次煮好，放在冰箱，每天取用當日份量加熱飲用。

解渴茶

【功效】

坐月子期間容易虛火上升，口乾口渴，卻又必須謹守不喝水的禁忌，解渴茶便是最佳的水代替品。

| 材 料 | （7天份）

觀音串	110 公克
荔枝殼	70 公克
米酒	3600 cc

| 作 法 |

1) 用平水（煮過的開水）沖洗藥材，放入陶鍋內，加酒1800cc 浸泡30分鐘，用大火煮開後，改用小火再煮30分鐘。藥汁倒出備用。

2) 藥材再度回鍋，加1800cc米酒浸泡30分鐘，用大火煮開後改用小火再煮30分鐘。

3) 將二次煮的汁混合，再煮滾。待涼後可分裝7袋，放進冰箱冷藏，每日取出1份加熱服用。

[小筆記]

1) 口渴時，一口一口慢慢喝，每次20-30cc。

2) 濃縮汁可泡無咖啡因咖啡或可可，但加糖時請加黑糖或紅砂糖。

副食

兼顧營養均衡與進補需求的產後飲食，

讓身心都感到很滿足！

主食之外，如何選擇其他食物

以前面所介紹的階段性主食－豬肝、豬腰、雞，或麻油豆包，為主要的蛋白質來源，再搭配口味清爽、富有變化的副食，不但可以提振產婦的食慾，也達到滋補養生的目的，坐月子也可以很享受哩！

利於產後調養的食物：

食物種類	可吃	不可吃
穀類/豆類	白飯、麵線、青仁黑豆、紅豆、黃豆、大紅豆、薏仁、大米/梗米、糯米、小麥、大麥、紫米、花生、腰果、黑/白芝麻	蠶豆、麥芽、綠豆
肉/內臟類	牛豬舌、牛豬肚、豬肝、腰花、雞肝、豬心、雞肉、豬肉	
蔬菜類	四季豆、花豆、地瓜葉、馬鈴薯、紅椒、高麗菜、香菇、毛豆、菠菜、芥蘭菜、芹菜、花椰菜、山藥、紅蘿蔔、紅菜、洋蔥、洋菇、南瓜、黑木耳、芋頭、青豆、冬菇、玉米	榨菜、酸菜、冬瓜、竹筍、豆腐、金針、髮菜、白木耳、茄子、絲瓜、蕃茄、蓮藕、黃瓜、海帶、莧菜、苦瓜、青椒、豆苗、菜心、生菜、大白菜、牛蒡
海鮮類	小魚乾、蝦、鱸魚、鰱魚、鰻魚、河鰻、鯉魚、赤鯛、鯽魚、黃魚、鮭魚、烏魚、旗魚	生魚、牡蠣、蛤蜊、螃蟹、海螺
飲料類	活力飲、解渴茶、生化湯、紅茶、普洱茶	綠茶
水果/乾果	荔枝、龍眼、榴槤、木瓜、水蜜桃、桃子、葡萄、櫻桃、蜜棗、紅蘋果、枇杷、杏仁、桃仁、蓮子、核桃、紅棗、黑棗、葡萄乾	梨子、西瓜、柿子、楊桃、橘子、柳丁、石榴、香蕉、菱角、奇異果、羅漢果

【附註】

蔬果方面應選擇溫性的蔬菜、水果，涼性的不能吃。

所以產後第一週便可以開始吃溫性的蔬果，對於產後容易便秘的情況，有改善的效果。

若產前沒有便秘毛病，產後不一定要吃水果。

肉絲炒時蔬

【功效】

紅蘿蔔富含 胡蘿蔔素，抗氧化作用強，香菇可增強免疫力，且熱量極低，芹菜有助於降低血壓和膽固醇。

| 材 料 |

豬肉	100 公克
紅蘿蔔	小型1條
芹菜	100 公克
發泡過的香菇 或新鮮香菇	5 朵
老薑	3 片
麻油	2 大匙

| 作 法 |

1) 肉洗淨擦乾後切絲，紅蘿蔔、香菇洗淨瀝乾後切絲，芹菜洗淨後切段。

2) 鍋熱後加 1大匙麻油，油熱後加入薑片、香菇，煎到呈淺褐色，放到鍋邊備用。

3) 另加 1大匙麻油，油熱後加入肉絲，炒到變色撈起備用。

3) 鍋內加入其他蔬菜，拌炒 2、3 分鐘後，加入肉絲，再炒數下即可。

花椰菜肉丸

[功效]

花椰菜除含有抗氧化、抗癌的胡蘿蔔素，以及抗老的維他命C，也富含纖維質和各種礦物質。

山藥有健脾、補肺、固腎等功效，也富含纖維質。有便秘困擾的媽媽不妨多吃這道菜。

| 材 料 |

絞肉	200 公克
山藥	50 公克
紅蘿蔔	少許
香菜	少許
蛋	1 個
玉米粉	1 大匙
花椰菜	1 棵
老薑	3 片
麻油	1 大匙

| 作 法 |

1) 山藥、紅蘿蔔洗淨後切丁，香菜洗淨後切末，放進容器內，加絞肉、蛋黃、玉米粉，順同一方向拌幾分鐘。

2) 做成直徑約2公分的肉丸，放到蒸鍋內蒸熟。

3) 花椰菜摘好後洗淨瀝乾，放到沸水中汆燙，撈起備用。

4) 鍋子加熱後，倒入麻油，油熱後爆香薑片，煎到呈淺褐色，加入花椰菜、肉丸，略為翻炒即可。

銀芽紅椒炒肉絲

【功效】
豆芽、紅椒富含維他命 C，也是高纖質植物，有助養顏美容。

｜材料｜

牛肉	150 公克
黃豆芽	100 公克
紅椒	小型 1 個
老薑	3 片
麻油	2 大匙
米酒	少許
太白粉	適量

｜作法｜

1) 牛肉洗淨擦乾後切絲，加太白粉、酒拌勻備用

2) 豆芽洗淨後瀝乾，紅椒洗淨後切絲。

3) 鍋加熱後，倒入一半麻油，油熱後爆香薑片，煎到淺褐色，放到鍋邊備用。

4) 加肉絲，大火快炒到肉變色為止，取出備用。

3) 鍋內倒入剩下的油，油熱後加豆芽、紅椒，炒軟後加炒好的牛肉絲，再炒幾下即可裝盤。

[小筆記]
配合時令或個人喜好，可以四季豆、山藥、芥蘭菜、芹菜、洋菇、花椰菜等蔬菜取代豆芽、紅椒。

百合炒牛肉

【功效】

牛肉是高品質的蛋白質攝取來源，且可提供人體所需的氨基酸。百合富含澱粉、蛋白質、脂肪，營養價值高，有清心安神作用，有助於走出產後憂鬱。

| 材 料 |

材料	份量
牛肉	200 公克
百合莖	2 朵
薑	3 片
麻油	2 大匙
米酒	少許
太白粉	適量

| 作 法 |

1) 牛肉洗淨拭乾切薄片，加少許太白粉、酒拌勻。

2) 百合莖剝片，洗淨瀝乾。

3) 鍋加熱後，加一半麻油爆香薑片，直到呈淺褐色，放在鍋邊備用。

4) 加入肉片，大火快炒，待肉變色後撈起備用。

5) 加剩下的麻油，油熱後加入百合約炒1分鐘，加入肉片，淋少許米酒，再拌炒幾下，即可起鍋。

[小筆記]
吃膩了雞肉，想換換口味，可以蝦仁、干貝 、花枝等海鮮取代。

紅椒腰果炒雞丁

[功效]

甜椒含有豐富營養，可活化細胞組織功能，促進新陳代謝，養顏美容效果極佳。

| 材 料 |

雞胸肉	150 公克
烤熟腰果	50 公克
紅椒、黃椒	小型各1個
薑片	3 片
麻油	2 大匙

| 作 法 |

1) 雞胸肉洗淨後切小塊。

2) 紅黃椒洗淨後對切，去籽，切塊。

3) 鍋熱後加油，油熱後爆香薑片，煎到淺褐色，放到鍋邊。

4) 加雞肉炒到變色，撈起備用。

5) 加入另1大匙麻油，油熱後加入黃紅椒拌炒，最後加入雞肉和腰果再炒幾下即可。

| 材 料 |

雞肉	200 公克
馬鈴薯	中型 1個
小型南瓜	四分之一個
麻油	1大匙
老薑	3片
米酒	半瓶

| 作 法 |

1) 馬鈴薯、南瓜洗淨削皮後切塊。

2) 雞肉洗淨擦乾後切塊。

3) 鍋熱後加油，油熱後加入薑片爆香到變成淺褐色，放到鍋邊備用。

4) 加入雞肉略炒後，再加馬鈴薯、南瓜和米酒，用大火煮滾後，改用小火煮到酒精揮發、馬鈴薯和南瓜煮軟為止。

馬鈴薯南瓜燉雞肉

【功效】

馬鈴薯 1個的熱量有 220 卡路里，容易讓人飽足，而且營養成份高，富含維他命 C、維他命 B 群和鉀，一向是瘦身者的最愛。

南瓜富含礦物質、維生素、胡蘿蔔素，有益皮膚、眼睛，且為補血之妙品。

[小筆記]

依季節性和個人喜好，這道燉菜可有豐富的變化，香菇、紅蘿蔔、山藥、芋頭等產婦適合食用的根莖類都可以入菜。

紅椒核桃炒干貝 《活化細胞》

紅椒核桃炒干貝

【功效】

甜椒是營養價值極高的蔬菜，維他命A、C含量居冠，可活化細胞組織功能，促進新陳代謝，美容養顏效果大。

干貝含高蛋白、低脂肪，補益健身。

| 材料 |

干貝	200 公克
紅椒	1 個
烤過核桃	50 公克
薑	3 片
麻油	1 大匙
米酒	少許

| 作法 |

1) 干貝洗淨後擦乾，大型者須橫切為二。

2) 紅椒洗淨後剖開去籽、切塊。

3) 鍋加熱後，倒入麻油，油熱後爆香薑片，煎到呈淺褐色為止，放到鍋邊備用。

4) 加入干貝、紅椒，淋少許米酒，用大火快炒約2分，加入核桃、薑片即可裝盤。

[小筆記]

核桃的烤法:烤箱設定在100度，預熱後放進核桃，每20分鐘拌 1次 ，拌4次即可，前後共烤80分鐘。一次可多烤一些，放在密封罐，但保存時間不宜過長，若有出油狀況即不宜食用。

| 材 料 |

旗魚	200 公克
發泡過的香菇	5 朵
枸杞	少許
薑片	3 片
麻油	1 大匙

| 作 法 |

1) 旗魚洗淨擦乾後切塊，香菇切塊。

2) 鍋加熱後加入麻油，油熱後加入薑片、
   香菇，煎到淺褐色，放到鍋邊。

3) 加入魚片炒熟。

4) 加枸杞再炒幾下即可。

香菇炒魚片

【功效】

這道菜是產婦瘦身的極佳選擇。香菇富含磨菇多醣，可增強免疫系統，且熱量極低，1杯煮熟的香菇只有40卡路里。旗魚則為低脂肪的高蛋白質來源。

[小筆記]
這道菜可加些青菜，如四季豆、青豆、花椰菜、芹菜、紅蘿蔔、紅椒，更添色香味。

豆包炒時蔬《補充體力、預防便秘》

豆包炒時蔬

【功效】
豆包是最佳的植物性蛋白質，搭配各種蔬菜，是素食媽媽的最佳選擇。

| 材料 |

豆包	2 塊
紅蘿蔔	適量
芹菜	適量
發泡過香菇	適量

| 作法 |

1) 紅蘿蔔洗淨後切絲，芹菜洗淨後切段，豆包、香菇切絲備用。

2) 鍋加熱後，倒入麻油，油熱後爆香薑片，煎到薑片呈淺褐色為止，放到鍋邊。

3) 加入其他材料大火快炒幾分鐘即可。

九層塔煎蛋

[功效]

蛋所含有的蛋白質在所有食物中稱冠，蛋黃則富含維他命A、B2、D、E和磷、鐵、鈣，除了維他命C之外，幾乎所有營養素都包含。

九層塔可緩和頭重和頭暈症狀，還可溫暖子宮，降低收縮疼痛。

| 材　料 |

蛋	3 個
挑好的九層塔	1 碗
麻油	1 大匙

| 作　法 |

1) 九層塔洗淨瀝乾後切絲。

2) 蛋汁打勻後加入九層塔略拌。

3) 鍋熱後加油，油熱後倒入蛋汁，煎到金黃色，翻到另一面，煎成金黃色即可。

[小建議]
可以清肝明目的枸杞、抗氧化的紅蘿蔔、鈣質豐富的吻仔魚取代九層塔。

麻油紅鳳菜

【功效】

紅鳳菜性溫能補血，含大量磷、鐵、蛋白質，是產婦的最佳補血劑，坐月子吃紅鳳菜的傳統由來已久。

| 材料 |

紅鳳菜	200公克
麻油	3大匙
老薑	5片

| 作法 |

1) 紅鳳菜洗淨切段，老薑洗淨切絲。

2) 麻油加熱後，爆香薑絲，加入紅鳳菜炒熟即可。

[小筆記]
產婦第二週起可吃紅鳳菜、紅莧菜、紅蘿蔔等紅色蔬菜。

| 材料 |

地瓜葉	200 公克
薑	5 片
麻油	1大匙
松子	1大匙

| 作 法 |

1) 菜摘好洗淨瀝乾後切段。

2) 鍋中加水煮沸，加入青菜煮到適合軟度，撈出待涼後瀝乾。

3) 平底鍋用中火加熱後，加入松子，不時攪拌，到略呈金黃色即可。

4) 鍋加熱後倒入麻油，油熱後爆香薑片，到呈淺褐色，加入燙好的青菜、松子拌勻即可。

松子地瓜葉

【功效】
提供豐富纖維質，促進腸胃蠕動，改善便秘。

[小筆記]

1. 可選擇其他性溫的時令蔬菜，包括高麗菜、A菜、菠菜、芥蘭菜、花椰菜、川七、洋蔥等。

2. 也可以加些紅蘿蔔片、香菇、枸杞，更添色香味。

麵／飯

坐月子期間，米食最好以全穀類為主，因其纖維豐富、營養較高，可以刺激腸道蠕動，提高代謝功能，排除體內多餘水分和廢物。切記要煮軟。

糙米黃豆飯

【功效】

糙米營養價值較白米高，富含維生素B群、維生素E和纖維素，可促進腸道蠕動，有助於預防便秘。

黃豆蛋白質和脂肪含量都豐富，更可提供天然的雌激素，可平衡產後荷爾蒙急遽變化。

【小筆記】

可配合各人喜好做各種變化，糙米加黃豆、紅豆加紫米、黑豆加薏仁，只要把握烹調方法：材料要先浸泡，浸到外皮膨脹，才可以縮短烹調時間。米酒份量約為各類材料的1.3倍，可視個人喜好軟硬度而調整。

｜材 料｜ （4碗）

糙米	1 杯
黃豆	1 杯
米酒	3 杯

｜作 法｜

1) 糙米和黃豆洗淨瀝乾後，用米酒浸泡1晚。

2) 電鍋外鍋加1杯水，糙米連同黃豆、米酒放到內鍋，煮到開關跳起即可。

麻油麵線《養血補氣，促進腸胃蠕動》

麻油麵線

[功效]
可促進食欲，改善腸胃蠕動，還能防血虛、便秘。

| 材料 |

無鹽麵線	1 束
麻油	2 大匙
老薑	3 片

| 作法 |

1) 將一鍋水煮開，放入麵線，略為攪拌，讓麵線不要黏在一起，約1分鐘撈起。

2) 鍋熱後倒入麻油，油熱後爆香薑片，煎到呈淺褐色，加入瀝乾的麵線，拌勻即可。

[小筆記]
1. 可利用麻油豬肝、麻油腰花、麻油雞的湯汁來拌麵。
2. 因不易消化，最好等產後第三週過後再吃。

| 材 料 | （4碗）

糯米	2 杯
米酒	2 杯
香菇	2 朵
豬肉	150 公克
金鉤蝦	50 公克
麻油	1 大匙
老薑	3 片

| 作 法 |

1) 糯米洗淨，浸泡在米酒中 8小時。

2) 將泡好的糯米取出瀝乾，米酒改泡香菇及金鉤蝦，泡軟後取出瀝乾，香菇切絲備用。

3) 肉切絲備用。

4) 薑片切絲備用。

5) 鍋熱後加麻油，油熱後爆香薑絲及金鉤蝦，再加香菇、肉絲。

6) 加入泡過糯米和香菇的米酒，煮開後改用小火燜煮到熟為止，中間應不時攪拌，以免燒焦。

[小筆記]
消化不良的產婦不可多食，建議每天最多只能吃2碗。

油飯

〔功效〕
糯米能幫助腸胃蠕動，改善腸胃下垂，並預防便秘。

五穀雜糧飯

【功效】

黑糯米可補腎氣，搭配紅豆、糙米、薏仁有利水祛濕、消熱解毒功效，有助於排除體內多餘水分和廢物，提高代謝功能。

| 材料 | （8碗份）

薏仁	半杯
紅豆	半杯
黑糯米	半杯
糙米	1 杯半
枸杞	約 1 大匙
米酒	4 杯-4 杯半

| 作 法 |

1) 枸杞以外材料洗淨瀝乾後，用米酒浸泡1晚

2) 所有材料加入電鍋內鍋，外鍋加 1 杯水，煮到開關跳起即可。

[小筆記]

可將每日食用量裝成小包裝放進冰箱冷凍庫，食用時取出解凍加熱即可。

鮭魚拌飯

【功效】

鮭魚富含EPA、DHA，是製造荷爾蒙不可或缺的要素，有助於產後荷爾蒙的平衡。

| 材 料 |

鮭魚	100公克
溫米飯	1碗

| 作 法 |

1) 鮭魚洗淨擦乾。

2) 鍋加熱後，倒入麻油，油熱後放入鮭魚，煎到兩面呈金黃色，用鍋鏟將魚塊壓碎。

3) 加入米飯拌勻，撒些芝麻即可。

[小筆記]

1. 可多炒一些芝麻，保存在密封罐備用。

2. 芝麻的炒法：用小火將平底鍋加熱後撒 1 把芝麻，轉大火，鍋稍微離開爐面，不斷搖動鍋子，直到有二、三顆芝麻開始爆裂即可關火。

菠菜飯《改善貧血、預防便秘》

菠菜飯

【功效】

菠菜富含維他命 A、C 及礦物質，具通便利腸、補血效果，可改善腸胃不適、痛風、便秘及貧血。

| 材 料 |

溫飯	1 碗
菠菜	150 公克
麻油	1 大匙
老薑	3 片

| 作 法 |

1) 菠菜洗淨瀝乾後，切絲備用。

2) 鍋熱後倒入麻油，油熱後加入薑片，煎到呈淺褐色，放到鍋邊備用。

3) 加入菠菜，大火快炒到菜變軟。

4) 加入米飯拌勻即可。

薏仁炒飯 《消除浮腫，養顏美容》

【功效】

薏仁富含澱粉、薏苡素、薏苡酯，可利尿、解毒消炎、祛風止痛，有助於產婦排除多餘水分、消除浮腫，還可強化胃腸、促進消化力，更可排解體內毒素，有養顏美容功效。

【小筆記】

坐月子期間可多食薏仁，不妨多煮一些分成小包裝，放進冰箱冷凍庫，每次食用前取出解凍即可。

｜材料｜

煮好的薏仁	1 碗
紅椒	適量
青豆	適量
發泡過香菇或新鮮香菇	適量
麻油	1大匙

｜作法｜

1) 紅椒、香菇洗淨後切丁。

2) 鍋中加1杯水，水滾後加入青豆，燙約1分鐘撈起備用。

3) 鍋熱後，倒入麻油，油熱後加入紅椒、青豆、香菇，炒香後加入薏仁，再炒幾分鐘即可。

小魚拌飯《補充鈣質》

小魚拌飯

【功效】
吻仔魚富含鈣質，有助強壯筋骨，改善腰部不適。

｜材料｜

溫飯	1 碗
吻仔魚	2 大匙
蛋	1 個
麻油	2 大匙

｜作法｜

1) 蛋打在碗內，打成蛋汁。

2) 鍋熱後倒入1匙麻油，油熱後倒入蛋汁，煎到兩面呈金黃色為止，取出待涼後切絲。

3) 鍋內倒入另 1大匙麻油，油熱後加入小魚，煎到呈金黃色為止，倒入米飯和蛋絲，拌勻即可。

紅豆飯

【功效】

紅豆可強心利尿，水腫或新陳代謝差的產婦可每天食用。

糯米能幫助腸胃蠕動，改善腸胃下垂，並預防便秘。

| 材料 |

糯米	1 杯
紅豆	1 杯
米酒	3 杯
老薑	5 片
麻油	1 大匙
黑糖	半碗

| 作法 |

1) 糯米、紅豆洗淨瀝乾後，分別用1杯半的米酒浸泡1晚。

2) 老薑切片後，用麻油煎成淺褐色備用。

3) 將泡酒的糯米移到電鍋內鍋，加煎過的薑，外鍋加1杯水，煮到開關跳起即可。

4) 將泡酒的紅豆移到電鍋內鍋，外鍋加1杯水，煮到開關跳起後再加1杯水，並將紅豆略為攪拌，煮到開關跳起後，加入黑糖拌勻即可。

5) 再將煮過的糯米、紅豆拌勻。

甜 點

產後身體虛寒，甜點是提供熱能的極佳食品，而未經精製處理、礦物質含量豐富的黑砂糖和紅糖，適合吸收，是坐月子期間很好的甜味來源。

核桃芋泥

【功效】
芋頭可開胃生津、消炎鎮痛、補氣益腎。

｜材料｜

芋頭	1個
核桃	適量
黑糖或紅砂糖	適量

｜作法｜

1) 芋頭削皮後切大塊，放進鍋內蒸，筷子可輕易插入芋頭即代表已熟。

2) 利用湯匙將芋頭壓碎。

3) 放入鍋內，加糖不斷攪拌，直到呈泥狀即可。

4) 食用時可加些烤過的核桃。

核桃芝麻糊《有助於子宮收縮、體力恢復》

核桃芝麻糊

【功效】

黑芝麻的鈣、鐵含量遠甚於白芝麻，有滋補、烏髮、通便和解毒作用。其中最主要的脂肪酸是亞麻油酸，有助於子宮收縮和惡露排除，更可提供大量熱能，讓產婦迅速恢復體力。

| 材 料 |

芝麻粉（可選擇市售者）　適量

核桃　　　　　　　　　適量

| 作 法 |

1) 用煮開的米酒水調勻芝麻粉，再加核桃即可。

[小筆記]
芝麻熱量高，食用不宜過量。

地瓜湯

【功效】

地瓜可算是營養最均衡的食物，且含有大量黏液蛋白質，可提高免疫力，更富含纖維質，能預防便秘。

| 材 料 |

地瓜	半 斤
老薑	3 大塊（每塊約拇指大小）
米酒	900 c.c.
黑糖	適量

| 作 法 |

1) 地瓜去皮切塊，薑塊用菜刀打扁。

2) 鍋內加入地瓜、薑塊、米酒，用大火煮到滾，改用小火煮到酒精揮發即可。

3) 加入黑糖拌勻。

紫米芋頭粥

【功效】
紫糯米可補腎氣、防止內臟下垂。

｜材 料｜

紫糯米	1 杯
米酒	1 杯半
黑糖或紅砂糖	1 杯
芋頭	適量

｜作 法｜

1) 紫糯米洗淨瀝乾後，放入電鍋內鍋，加入米酒，泡約4小時。

2) 芋頭洗淨削皮後切大塊，放進蒸鍋內蒸，筷子可輕易插入即代表芋塊已熟。

3) 電鍋外鍋加水1杯，放入裡面已有紫糯米和酒的內鍋，煮到開關跳起即可，趁熱加入黑糖拌勻。

4) 芋塊取適量切丁，擺在裝碗的紫米粥上即可。

[小筆記]
糯米黏性強，會造成腸胃更大負擔，食用時應細嚼慢嚥。消化不良、胃氣悶脹者不宜多食。

桂圓糯米粥

【功效】

適合產後適應不良、情緒失調的產婦。

桂圓含有大量維他命 A、B1、葡萄醣、蔗糖，可安心養神，有助於改善睡眠品質，也可補脾養血。

糯米能幫助腸胃蠕動，改善胃腸下垂，並預防便秘，也有助於改善氣虛造成的多汗現象。

【小筆記】

圓糯米黏性較好，常用於甜點；油飯則用長糯米。

| 材料 |

圓糯米	2 杯
桂圓	30 公克（約3大匙）
黑糖	60 公克（約半碗）
老薑	3 片
米酒	2 杯半

| 作法 |

1) 糯米洗淨後用米酒浸泡1晚。

2) 糯米瀝乾，老薑切末備用。

3) 鍋內加糯米、桂圓、老薑、米酒，用大火煮滾後改用小火加蓋煮1小時。

4) 最後加入黑糖拌勻即可。

素食媽媽主食

素食產婦應該要怎樣進補呢？
別擔心，只要多注意各種植物性蛋白
質的攝取，另以藥膳補充在植物性食
物中獲取不到的營養，素食坐月子也
可以很成功。

營養攝取，藥膳調理雙管齊下

素食者較容易缺乏維生素B12、鐵質、鈣質，所以要多注意這一類營養的補充。最重要的是加強蛋白質的攝取：植物性蛋白質以黃豆品質最優，選擇黃豆製品，如豆乾、豆包、素雞等，應以原味爲優先考量。

飲食上需避免過度精製，以全穀類代替米飯，活化腸胃新陳代謝，消除腸內脹氣，排除體內多餘水分和廢物。少量多餐，以原味爲主。用餐前請做數次深呼吸，讓心情放鬆；用餐時則細嚼慢嚥、趁熱取食。三餐的分配比例以3:2:1爲佳，即「早吃好、午吃飽、晚吃少」的飲食原則，最有助於消化吸收與睡眠品質。每日用餐最好在晚上9點以前結束。

烹調方面應選擇低溫烘培的黑麻油，體質容易上火者，才以茶油代替。老薑一定要連皮使用，烹調方法多用滷、蒸、煮、燉，少用油煎、油炸，絕不可以添加任何鹽、調味料或水，避免水分囤積體內，而且鹽的攝取如果過多，會使血行緩慢，不利惡露排出，也會導致口渴，因此想喝更多的水，造成惡性循環。

另一方面，坐月子期間的飲食禁忌則是不管葷、素食都應遵守的。因爲產後飲食如果錯誤的話，容易破壞身體細胞的恢復能力，影響新陳代謝，而導致內分泌失調、體型變胖，甚至種下日後婦女病的病因，想要健康美麗的女性朋友們，都不可以掉以輕心！像稀飯、醋、酸性及水分多的食物，容易導致內臟、乳房下垂、小腹突出、皮膚鬆弛，千萬要忌口；辛辣刺激的食物也不宜。還有，產前涼補、產後只能熱補，有些食物屬於涼性，像梨子、西瓜、冬瓜、絲瓜、白蘿蔔、竹筍等蔬果皆不能吃，素食者更要慎選（請參考本書59頁）。煎炸、炭烤、乾炒的食物，或堅硬物如花生、瓜子、乾豆等，容易導致口乾、腸胃不適，也應拒絕入口。

階段性調理重點

週　別	調理目的	素食主食 / 飲品	飲 食 注 意
第一週	排除惡露及老廢物 促進子宮收縮	麻油豆包 生化湯 活力飲	第一週應嚴禁喝水，可以喝去油的麻油豬肝湯汁、活力飲，要小口小口喝，一天分多次飲用。
第二週	促進新陳代謝 預防產後腰酸背痛	杜仲素腰花 生化湯（剖腹產者） 活力飲	第二週搭配杜仲藥膳，可以預防產後腰酸背痛。
第三、四週	產後滋養 恢復體力 大補氣血	麻油烤麩 補養藥膳 解渴茶	有些素火腿、素香腸之類的食物經過加工，含有不少的鹽份與調味料，會影響體內代謝，坐月子期間應不吃。

素食產婦特別需要藥膳調理

你知道嗎？素食產婦除了加強蛋白質的攝取外，特別需要以藥膳燉品補充在植物性食物中獲取不到的營養，如麻油、薑、紅糖、桂圓、紫米、核桃、當歸、黃耆、川芎等，以加強補血、補氣、補陰、補陽、利水、活血。使用一些產後階段性藥膳方，根據每週不同調理目的，按部就班每日一帖，幫助身體復原得更好。

坐月子週別	調理目的	產後調理藥膳	重要成份
第一週（平補）	排除淨化	補血→利水→消疲	黨蔘、黃耆、當歸、薏仁、茯苓
第二週（溫補）	調整恢復	補肝腎→強筋骨→強腰膝 ＋杜仲藥膳	女眞子、菟絲子、肉從蓉、杜仲、首烏
第三週（大補）	補血補氣	安神→排脹氣→補氣	熟地、淮七、川芎、大棗、枸杞
第四週（大補）	預防老化	活血→益精目→強體力	白芍、參鬚、黑豆、陳皮、玉竹

麻油烤麩

[功效]
烤麩富含植物性蛋白質。
麻油可預防便秘，也可袪寒。
米酒可保暖身體，促進內臟機能活動。

| 材料 |

烤麩	4 個
山藥	200 公克
紅蘿蔔	100 公克
栗子	50 公克
枸杞	50 公克
黑棗	50 公克
薑	5 片
麻油	3 大匙
米酒	2 碗

| 作 法 |

1) 栗子、黑棗、枸杞先用適量米酒泡軟備用，米酒留用。

2) 山藥、紅蘿蔔去皮洗淨擦乾後切塊。

3) 鍋熱後倒入麻油，油熱後加薑，煎到呈淺褐色為止，取出備用。

4) 加進所有材料略為翻炒後，倒入米酒，用大火煮開，改用小火煮到酒精揮發為止，加入薑片即可。

杜仲素腰花

【功效】
杜仲可改善腰膝酸痛、小腹虛冷和暈眩乏力現象，為產後必服的藥材。

| 材 料 |

炒杜仲	1 兩
素腰花	300 公克
老薑	5 片
紅蘿蔔	少許
枸杞	少許
米酒	4 杯

| 作 法 |

1) 紅蘿蔔洗淨擦乾後切塊備用。

2) 鍋內加酒、杜仲，用大火煮滾。

3) 加入素腰花、紅蘿蔔、枸杞，煮滾後改用小火約煮20分鐘即可。

蓮子素肚湯

【功效】

蓮子可安心養神，撫平情緒，幫助睡眠，還可防止惡露大量流出。香菇富含維生素B群和維生素D，鉀、鐵礦物質含量亦豐，且熱量低。棗可健胃補脾，補陰養血，適合體弱或手術後調養。

| 材 料 |

素肚	2 個
蓮子	100 公克
馬鈴薯	1 個
乾香菇	4 朵
黑棗	50 公克
麻油	1 大匙
老薑	3 片
米酒	2 碗

| 作 法 |

1) 蓮子、乾香菇、黑棗先用米酒泡1小時，取出浸泡物後，用餐巾紙過濾米酒備用。

2) 素肚切塊，馬鈴薯去皮洗淨擦乾後切小塊，香菇切塊。

3) 鍋加熱後，加麻油，油熱後將薑片煎到呈淺褐色，取出備用。

4) 加進所有材料略炒後，倒入米酒，用大火煮滾，改用小火煮到酒精揮發為止，加入薑片即可食用。

黃豆花生豆包

【功效】

花生富含不飽和脂肪酸，是體內激素合成的必要成份，有助於乳汁分泌，提供熱量。

豆包、黃豆蛋白質含量豐富，是吃素產婦最佳的蛋白質攝取來源，有助於體力恢復，進而提高母乳品質。

| 材料 |

豆包	1 片
麻油	1 大匙
老薑	5 片
花生	10 公克
黃豆	10 公克
米酒	1 碗

| 作 法 |

1) 花生、黃豆洗淨瀝乾後，用酒浸泡1晚。

2) 鍋熱後加麻油，油熱後加入薑片，煎到淺褐色，放到鍋邊備用。

3) 再加豆包煎到成金黃色。

4) 加入花生、黃豆和米酒，大火煮滾後改用小火煮到酒精揮發、沒有酒味即可。

[小筆記]
這道菜不加花生，相當於素食麻油雞，也適合沒有哺乳的產婦食用。

產後健康計畫

掌握產後復原的關鍵，便可以在輕鬆愉快的心情下創造一個成功的坐月子經驗，化身體的危機為轉機！

產後體重變化與對策

常常聽到女性朋友抱怨生產後身材走樣，生一胎、胖一圈，生兩胎、就胖兩圈，許多人徒呼無奈；事實上，坐月子得法的話，短短一個月便能回復到懷孕前的體重，這並非一件「不可能的任務」，藉由正確的調理便可如君所願。

一般來說，懷孕全程所增加的理想體重為12公斤，生產過後，這12公斤要如何從身體上消失，就成了女性朋友所關注的焦點。現在，我們就來計算一下：首先，產婦在生產時，嬰兒連同胎盤的重量便減去了5至6公斤左右，剩下約7公斤，其中水分便佔了4公斤之多，這便是為什麼產婦在第一週最好嚴禁喝水的原因。如果在關鍵性的第一週，不能達到「利水消腫」的目的，反而沒有顧忌地喝水，就會對新陳代謝產生不良影響，那麼，接下來的三週想瘦也很難了。

此外，階段性的飲食法很重要，因為真正導致產後肥胖、身體變形的原因往往是坐月子期間過度食補或不正確食補的結果，因此若能吃得正確，再加上綁腹帶、勤餵母乳、產後運動等措施，便可以輕鬆實現30天回復窈窕計畫。

產後體重變化表

內　　容	減去重量	對　　策
生產時，胎兒、羊水、胎盤的娩出與失血	約5-6公斤	
懷孕期間體內增加的水分，於坐月子期間（特別是第一週）經由汗水或尿液排除	約4公斤	■ 第一週嚴禁喝水，以免對新陳代謝產生不良不影響 ■ 產後第一週為利尿期，飲食上應加強腎臟的排泄功能，排解體內過多的水分 ■ 產後實施熱補，促進發汗、排尿等代謝作用 ■ 飲食上忌鹽或醬油、醋、蕃茄醬等調味料，或醃漬食品、罐頭食品，才不會使身體水分滯留、不易排出。
其餘懷孕期間因養胎而增加的體重	3公斤以上（視個人而定）	■ 依階段性的食補進食，產後過度進補反而種下肥胖的因子。 ■ 正確飲食習慣：細嚼慢嚥，遵守早三午二晚一的餐量比例，禁零食。 ■ 綁腹帶 ■ 產後運動 ■ 親自哺乳，一個月後所消耗的熱量，換算成脂肪量的話，約等於4斤肥肉。

產後煩惱與對策

生產過後，所面對的是一個急遽的身體變化，相較於前，現在的臀圍變大、肚皮鬆垮，甚至爬滿妊娠紋，且皮膚乾燥、黑色素沉澱，即所謂的「產後煩惱」。不過面對產後身體的變化，不應失去信心，相反地，能不能抓住坐月子的機會調整體型、改善體質症狀，端視妳的決心。

產後煩惱	飲食對策	生活對策
內臟下垂或乳房下垂	■ 禁食酸、醋及水分多的食物	■ 多休息、不可提重物 ■ 運動或按摩乳房 ■ 躺著餵奶 ■ 綁腹帶
妊娠紋		■ 局部塗抹維他命A酸 ■ 運動或按摩 ■ 綁腹帶
腹肌鬆弛、下腹突出	■ 禁食酸、醋及水分多的食物	■ 運動或按摩 ■ 綁腹帶 ■ 晚上禁吃宵夜
皮膚乾燥、黑斑	■ 生化湯幫助子宮惡露排除 ■ 遵守階段性飲食法	■ 嚴守坐月子禁忌
便秘	■ 多食全穀類 ■ 老薑連皮吃 ■ 選擇溫性蔬果吃 ■ 嚴重的話，炒過的黑芝麻配蜂蜜食用，每一粒黑芝麻皆要咬碎	■ 養成定時排便的習慣 ■ 運動、按摩
身體浮腫 血液循環差	■ 飲食不加鹽或調味料 ■ 嚴禁喝水	■ 運動或按摩 ■ 放鬆心情
神經痛	■ 心情不好時不要進食 ■ 專心坐月子、用餐	■ 不要洗頭洗澡 ■ 不碰冷水，不要吹風 ■ 運動或按摩
腰酸背痛	■ 產後第二週以腰花補腰、尾椎骨藥膳壯骨外，最好搭配杜仲藥膳的使用。	■ 少做家事、多休息 ■ 側躺餵奶 ■ 運動、按摩 ■ 綁腹帶
產後水腫、變胖	■ 階段性食補 ■ 嚴禁喝水 ■ 禁吃宵夜	■ 親自哺乳 ■ 運動或按摩 ■ 綁腹帶

回復窈窕的法寶—綁腹帶

把握坐月子良機，開創美麗健康的新人生，除了從生活、飲食、運動著手，綁腹帶也是一門重要的功課。綁腹帶有助於身材恢復和子宮收縮，並可預防內臟下垂、消除妊娠紋、治療腰酸背痛等。產婦應養成綁腹帶的習慣，持以之恆，才會有明顯效果。

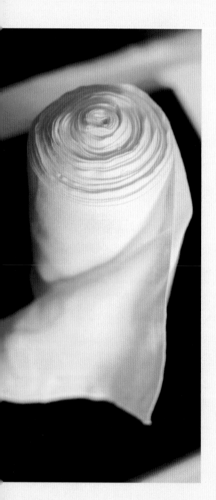

綁腹帶的功效

1) **預防內臟下垂**

    懷孕時，胎兒將母體內臟向上推擠，生產過後若沒有給內臟支撐的力量，很容易造成內臟下垂。

2) **幫助子宮收縮**

    從受孕到生產，子宮會擴大為12倍，由原先的100公克，擴增至1,200公克，產後只收縮三分之二，要完全回復到受孕前的狀況，需借助綁腹帶，且纏繞時間須長達6週。

3) **消除妊娠紋**

    產後妊娠紋出現的部位因個人體質而異，常發生於腹部、大腿內外側、臀部、胸部、肩膀、手臂等部位，雖不致造成生理不適，卻會帶來心理上的困擾。妊娠紋難以避免，但懷孕時控制體重暴增、產前後塗抹維他命A酸、產後纏繞腹帶都有助於緩和症狀，綁腹帶還可減以減少色素的沈澱。

4) **緩和腰痛**

    孕婦生產前後通常會有腰酸背痛的困擾，且產前腰痛的婦女約三分之二產後仍感到不適。懷孕時腰椎負荷過大，造成脊椎及骨盆鬆動，水分滯留，而壓迫到腰薦椎的神經。若孕婦平時就缺少運動、姿勢不正確，再加上懷孕時的內分泌變化，也會使疼痛加劇。

至於產後腰酸背痛主要因為產後骨盤環部比較鬆弛、不穩，以及姿勢不良，包括身體重心尚未恢復正常，腹部、腰部肌肉無法保持正常活動，習慣性前彎姿勢，或懷孕時長期運動不足、臥床過久。借助綁腹帶支撐，可改善腰酸背痛症狀。

腹帶的綁法

纏繞腹帶以緊貼腹部肌肉為原則，但避免過緊影響血液循環。以下是綁腹帶的詳細步驟：

1) 平躺仰臥，雙膝拱起，腳底平貼於床上。小腿儘量靠近大腿，和腹部成直角。

2) 吸氣，縮小腹，肛門挾緊，臀部略為抬起，離床面至少一個拳頭的距離。

3) 右手握捲好的腹帶，左手拉出腹帶頭，緊貼右大腿上方。（和陰毛相同高度處）。

4) 開始平行纏繞。纏繞時左手平壓腹帶，讓腹帶緊貼腹部，右手握緊腹帶，邊繞邊放鬆帶子。

5) 繞1圈半後約於左大腿處側邊向左斜折1次，向上、向下斜折皆可，折後將腹帶拉平繼續纏繞。

6) 再纏繞1圈半後，約於右大腿側邊向左斜折1次。

7) 依此方式繼續纏繞，打 5 個折後，改往上纏繞，之後每繞 1 圈上升2公分，繞到腹帶只剩一小段，塞入纏繞好的腹帶，用安全別針固定即可。

腹帶的使用方法

早晨起床漱洗、上廁所後即可綁腹帶。若有鬆動即應卸下重綁。洗澡入睡前拆下，拆下時一邊將腹帶捲好，以供下次使用。請家人協助綁腹帶，可以綁得較牢靠。

莊醫師的小叮嚀

產後30天─給您美麗調養的關鍵方向

莊醫師分享產後30天，生活小撇步‧飲食調理大方向！

以下是本書中莊醫師建議的每週調養方向和生活小叮嚀，幫助自己的了解產後的狀況！還可以用以下的建議飲食方向，製作P.102-103的坐月子菜單，享受自行調配的樂趣！

生活小叮嚀						
恭喜寶寶誕生！好好放鬆休息一下！ **1**	記得要讓寶寶及早吸吮乳頭，以刺激乳汁分泌。 **2**	要開始綁腹帶囉！ **3**	現在是排除水分的關鍵期，盡量避免喝水喔！ **4**	體內荷爾蒙正劇烈變化，會讓心情有點低落，別太在意！ **5**	有便秘的問題嗎？記得把老薑連皮一起吃下去！ **6**	寶寶睡，媽媽也要跟著睡，作息一樣，才不會累。 **7**
汗一直流，一定不能洗澡洗頭嗎？媽咪可參考P.21的建議方式進行清潔。 **8**	注意餵奶的姿勢對不對，要側躺或是坐著餵。 **9**	睡不著的話，是以薑汁加米酒泡腳，有助和緩情緒。 **10**	親友們紛紛來探望，一定要請家人負責接待，別影響到媽咪的休息。 **11**	切記！洗臉、洗手、刷牙的水，都要用煮過的水！ **12**	哺乳是媽媽的「自然瘦身法」，千萬不要放棄！ **13**	不該吃的東西絕對不吃，為了體質重整，媽媽加油！ **14**
多吃一點、多睡一點、少做一點事，月子期間妳就是「女王」。 **15**	此時胸部最發達，若能趁機多按摩，便可維持美好的胸型。 **16**	應該常閉目養神，不要趁產假拼命看以前錯過的電影。 **17**	來！做些腹肌收縮、仰臥起坐等運動，消除贅肉更窈窕！ **18**	惡露的量仍然很多嗎？檢查一下是不是勞動過多，或是提重物？ **19**	趁寶寶清醒時，替他按摩、唱唱歌、說說話，心情更甜蜜。 **20**	謝謝老公、謝謝家人的愛護，讓妳產後不憂鬱！ **21**
感覺身體已經輕輕鬆不少了吧！不過，別急著做家事。 **22**	每天有按時綁上腹帶嗎？偷懶的話身材回復的效果會打折扣喔！ **23**	非得外出時，一定要穿著長袖、長褲、戴帽子。 **24**	寶寶的飯應愈來愈豐富了，盡情享受親子間的交流吧！ **25**	別急著退奶，趕快研究一下上班族媽媽儲存母乳的方法！ **26**	一二三四、二二三四，產後運動要持續進行喔！ **27**	找個時間，跟老公討論一下避孕措施吧！ **28**
全家人都辛苦了！懷抱一顆感恩的心，跟大家說：謝謝大家！ **29**	恭喜寶寶滿月，媽媽也洋溢著健康、美麗的光彩！ **30**					

第一週	
建議主食	麻油豬肝（p.26）、波菜炒豬肝（p.27）、麻油豬心（p.28）、老薑鱸魚湯（p.29）
建議飯/麵	糙米黃豆飯（p.73）、麻油麵線（p.74）、油飯（p.75）、五穀雜糧飯（p.76）、鮭魚拌飯（p.77）、菠菜飯（p.78）、薏仁炒飯（p.79）、小魚拌飯（p.80）、紅豆飯（p.81）等
建議藥膳	補血養神→利水消種→消除疲勞之產後階段性藥膳方
建議副食	肉絲炒時蔬（p.60）、花椰菜肉丸（p.61）、銀芽紅椒炒肉絲（p.62）、百合炒牛肉（p.63）、紅椒腰果炒雞丁（p.64）、馬鈴薯南瓜燉雞肉（p.65）、紅椒核桃炒干貝（p.66）、香菇炒魚片（p.67）、豆包炒時蔬（p.68）、九層塔煎蛋（p.69）、麻油紅鳳菜（p.70）、松子地瓜葉（p.71）
建議甜點	核桃芋泥（p.83）、核桃芝麻糊（p.84）、地瓜湯（p.85）、紫米芋頭粥（p.86）、桂圓糯米粥（p.87）
建議飲料	生化湯（p.55）、活力飲（p.56）
第二週	
建議主食	麻油腰花（p.37）、杜仲腰花（p.38）、十全大補尾椎湯（p.39）、木瓜尾椎湯（p.40）
建議飯/麵	同第一週
建議藥膳	補肝腎→強化筋骨→強壯腰膝之產後階段性藥膳方
建議副食	同第一週
建議甜點	同第一週
建議飲料	自然產：解渴茶（p.57） 剖腹產：生化湯、活力飲喝道第12-13天起改喝解渴茶
第三週~第五週	
建議主食	麻油雞（p.44）、栗子雞（p.45）、當歸黃耆雞（p.46）、茯苓蓮子雞（p.47）、豬肚燉排骨（p.48）、麻油烏魚（p.49）、熟地羊肉湯（p.50）、麻油蝦（p.51）
建議飯/麵	同第一週
建議藥膳	補氣活血→益精明目→體力恢復之產後階段性藥膳方
建議副食	同第一週
建議甜點	同第一週
建議飲料	解渴茶

媽咪的口袋菜單

媽咪們—列張滋補又美麗的月子菜單！

看完前面這麼多道滋補的坐月子膳食，何不自己替自己列張，符合自己口味的營養菜單！

想要自己DIY排定坐月子菜單前，可以先參考菜單右邊的「莊醫師建議方向」，然後將自己想吃的菜色挑選填入每天的「主食」、「藥膳」、「飲料」的格子中，就可以請幫忙坐月子的媽媽、婆婆，或是自己按照這張菜單來烹調出美味滋養的坐月子餐！

坐月子滋養期：＿＿＿＿＿／＿＿＿／＿＿＿～＿＿＿＿／＿＿＿／＿＿＿

親愛的＿＿＿＿＿＿＿＿＿＿＿謝謝您幫我坐月子，下面是滋補又坐月子的菜單，麻煩您了！

第一週	調理重點－排除惡露，恢復子宮機能						
日期	第1天	第2天	第3天	第4天	第5天	第6天	第7天
主食							
副食							
飯／麵							
甜點							
藥膳							
飲料							

第二週	調理重點－促進代謝、恢復體力、改善腰酸背痛						
日期	第8天	第9天	第10天	第11天	第12天	第13天	第14天
主食							
副食							
飯／麵							
甜點							
藥膳							
飲料							

第三週	調理重點－調養體力、改善體質、預防老化						
日期	第15天	第16天	第17天	第18天	第19天	第20天	第21天
主食							
副食							
飯／麵							
甜點							
藥膳							
飲料							

第四週	調理重點－調養體力、改善體質、預防老化						
日期	第22天	第23天	第24天	第25天	第26天	第27天	第28天
主食							
副食							
飯／麵							
甜點							
藥膳							
飲料							

第五週	調理重點－調養體力、改善體質、預防老化						
日期	第29天	第30天	第31天				
主食							
副食							
飯／麵							
甜點							
藥膳							
飲料							

國家圖書出版品預行編目資料

莊靜芬陪妳坐月子；風車食譜篇/莊靜芬作
－台北市：風車生活，2003[民 92]
　面；　　公分．－(風車養生叢書；1)
ISBN 957-98598-2-5(平裝)

1.食譜－中國　2.婦女－醫療、衛生方面

427.11　　　　　　　　　　　92003491

系列名稱/ 風生養生叢書 1
書名/ 莊靜芬陪妳坐月子

作者/ 莊靜芬

發行人/ 郭庭蓁

主編/ 郭沄蓁

文字編輯/ 戴君芳

攝影/ Ross Thompson

食物造型/ Shirlee Posner

美術設計/ 陳國梅　五餅二魚視覺設計顧問

出版/ 風車生活股份有限公司

地址/ 110 台北市士林區天母北路 68-10 號

服務專線/ 02-2828-6969

網址/ www.wgroup.com.tw

印刷/ 和緣彩藝設計企業有限公司

總經銷/ 紅螞蟻圖書有限公司

　　　台北市舊宗路二段 121 巷 19 號

出版日期/ 2014 年 3 月初版六刷

定價/ 新台幣 250 元